Lehrmittel für gewerbliche Berufsschulen

Herausgegeben von

Professor Horstmann
Oberschulrat in Berlin

Heft 4

Professor Hecker
Regierungs- und Gewerbeschulrat in Kassel

# Fachkunde für Maschinenbauerklassen an gewerblichen Berufsschulen

## III. Teil: Kraftmaschinen

von

**Uhrmann** und **Schuth**

Gewerbeschulrat der Stadt
Köln

Direktor der Fach- u. Berufsschule
für Industrie, Düsseldorf

Zweite Auflage

Mit 108 Abbildungen

Springer Fachmedien Wiesbaden GmbH   1924

ISBN 978-3-663-15429-7      ISBN 978-3-663-16000-7 (eBook)
DOI 10.1007/978-3-663-16000-7

# Inhaltsverzeichnis.

# A. Die Kraftmaschinen.

## 1. Allgemeines.

Die im Maschinenbau zur Bearbeitung der Werkstücke erforderlichen Maschinen (Drehbank, Hobelmaschine, Fräsmaschine, Bohrmaschine usw.) sind Arbeitsmaschinen. Sie müssen angetrieben werden, wenn sie die verlangte Arbeit verrichten sollen. Der Antrieb erfolgt durch die Antriebs- oder Kraftmaschinen (Dampfmaschine, Dampfturbine, Gasmotor, Elektromotor usw.).

### a) Kraft.

Um einen Wagen zu ziehen, ein Gewicht zu heben, einen Eisenstab zu biegen, eine Feder zu spannen oder eine Maschine zu treiben, ist eine bestimmte Kraft erforderlich. Die Größe der Kraft wird in kg gemessen.

### b) Arbeit.

Wird durch eine Kraft eine Bewegung verursacht, z. B. ein Wagen gezogen, so überwindet die Kraft auf einem gewissen Wege einen Widerstand. Eine solche Kraftwirkung bezeichnet man als Arbeit. Die Größe der Arbeit hängt ab:

1. von der Länge des zurückgelegten Weges;
2. von der Größe des Widerstandes.

Wird z. B. ein Wagen von 1000 kg Widerstand 10 m fortgezogen, so ist die Arbeit zehnmal so groß, als wenn er nur 1 m fortbewegt würde oder nur 100 kg Widerstand hätte.

Die Arbeit wird in mkg (Meterkilogramm) gemessen. 1 mkg ist die Arbeit, durch die auf einem Wege von 1 m ein Widerstand von 1 kg überwunden wird. Wird z. B. ein Gußstück von 100 kg 2 m hoch gehoben, so hat man eine Arbeit von $100 \cdot 2 = 200$ mkg verrichtet. Es ist also:

$$\text{Arbeit (mkg)} = \text{Kraft (kg) mal Weg (m).}$$

### c) Leistung.

Um eine Arbeit zu beurteilen, muß man noch die Zeit berücksichtigen, in der sie ausgeführt wird. Man stellt deshalb fest, wieviel Arbeit (mkg) in 1 Sekunde (sek) verrichtet wird. Die Arbeit in 1 Sekunde (mkg/sek) nennt man Leistung. Werden z. B. durch einen Aufzug 1000 kg in 5 sek 20 m hoch gehoben, so ist:

1. Die Arbeit $= 1000 \text{ kg} \times 20 \text{ m} = 20000$ mkg;
2. Die Leistung $= 20000 \text{ mkg} : 5 \text{ sek} = 4000$ mkg/sek.

Hätte man nicht 5 sek, sondern 10 sek gebraucht, so wäre die Leistung 20000 mkg : 10 sek = 2000 mkg/sek, also nur halb so groß gewesen.

Handelt es sich um große Leistungen, z. B. bei Dampfmaschinen, so wendet man die Pferdestärke (P S) als Maß für die Leistung an. Unter einer Pferdestärke versteht man die Arbeitsleistung von 75 mkg in 1 sek.

$$1 \, PS = 75 \, mkg/sek.$$

Beispiel: Durch einen Kran werden 3000 kg in 20 sek 10 m hoch gehoben. Wie groß ist die Leistung in Pferdestärken?

1. Arbeit = 3000 kg · 10 m = 30000 mkg;

2. Leistung = 30000 mkg : 20 sek = 1500 mkg/sek.

3. Leistung in P S = 1500 : 75 = 20 P S.

Bei allen Kraftmaschinen haben wir bewegliche Teile (Kolben, Wellen, Kreuzköpfe, Hebel usw.). Sie erzeugen in ihren Lagern oder Gleitflächen Reibung. Zur Überwindung dieser Reibung wird eine bestimmte Menge Arbeit in der Maschine selbst verbraucht und kann somit nicht von ihr abgegeben werden. Man unterscheidet daher:

1. Die indizierte Pferdestärke (P Si). Hierunter versteht man die Anzahl der P S, die eine Kraftmaschine leisten würde, wenn keine Reibungsverluste in ihr vorhanden wären.

2. Die Nutzpferdestärke (P Sn). Es ist die Leistung in P S, die eine Maschine nutzbringend abgibt. Sie wird also immer kleiner sein, als die indizierte Pferdestärke.

Das Verhältnis der Nutzpferdestärke zur indizierten Pferdestärke nennt man den Wirkungsgrad einer Kraftmaschine.

Beispiel: Ein Gasmotor hat 172 P Sn und 200 P Si. Wie groß ist der Wirkungsgrad?

$$\text{Wirkungsgrad} = 172 : 200 = 0{,}86.$$

Von der Arbeit, die das Gas im Gasmotor leistet, werden also 86% nutzbringend abgegeben. 14% gehen durch Reibung verloren.

### d) Atmosphäre.

Die Spannung oder der Druck von Dämpfen und Gasen wird in Atmosphären (Atm.) gemessen. Wie der Name schon sagt, rührt diese Bezeichnung her von dem Druck der atmosphärischen Luft auf die Erdoberfläche. Dieser Druck beträgt etwa 1 kg (genau 1,0334 kg) auf jedes qcm der Erdoberfläche. Es ist also:

$$1 \, \text{Atm.} = 1 \, kg \, \text{Druck auf } 1 \, qcm.$$

Beispiel: Der Kolben einer Dampfmaschine hat einen Querschnitt von 855,3 qcm. Der Dampfdruck beträgt 10 Atm. Wie groß ist der Druck auf den Kolben?

1. 10 Atm. = 10 kg Druck auf 1 qcm.

2. Druck auf den Kolben = 855,3 · 10 = 8553 kg.

Bei der Angabe des Dampfdruckes ist zu unterscheiden zwischen Überdruck und absolutem Druck. Der Überdruck gibt an, um wieviel die Spannung des Dampfes den Druck der atmosphärischen Luft übersteigt. Bei 9 Atm. Überdruck z. B. ist der Druck des Dampfes um 9 Atm. größer als der atmosphärische Luftdruck (Abb. 1). Die Manometer an Dampfkesseln usw. zeigen Überdruck an.

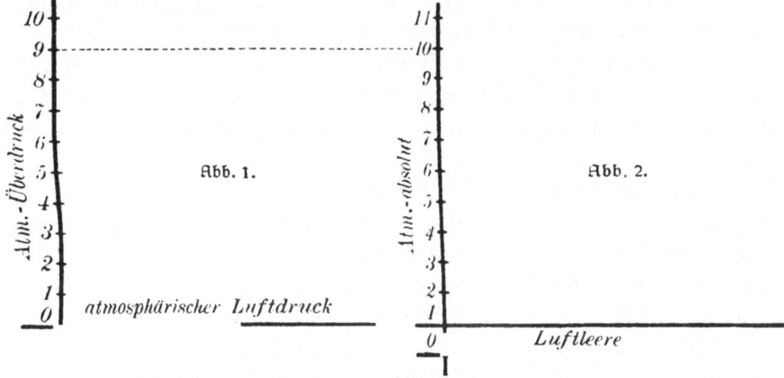


Der absolute Druck gibt an, um wieviel die Spannung des Dampfes von der Luftleere abweicht. 10 Atm. absoluter Druck heißt demnach, daß die Spannung des Dampfes 10 Atm. über der Luftleere liegt (Abb. 2). Dies würde einem Über= druck von 9 Atm. entsprechen (Abb. 1 und 2).

# 2. Die Dampfkessel.

## a) Zweck.

Der Wasserdampf ist die bewegende Kraft der Dampfmaschine. Außerdem findet er Verwendung bei Dampfheizungen und in Dampfkochapparaten. Er wird im Dampfkessel erzeugt.

## b) Wasserdampf.

Erhitzt man Wasser, so bildet sich Wasserdampf und zwar zunächst nur an der Oberfläche. Steigt die Temperatur bis zum Siedepunkt, so beginnt das Wasser zu kochen oder zu sieden. Es bilden sich überall in dem siedenden Wasser Dampfblasen, welche aufsteigen und an der Oberfläche zerplatzen. Dieser Wasserdampf ist wie die Luft farb= los. Die bekannten weißen Nebel, die man gewöhnlich Dampf nennt, sind winzige Wassertröpfchen, die sich aus dem Dampf durch Abkühlung gebildet haben.

Die Temperatur, bei der das Wasser siedet, hängt von dem Druck ab, der auf ihm lastet. In einem offenen Gefäß steht das Wasser unter dem Druck der Luft, also unter einem Druck von 1 Atm. Es siedet dann bei 100° C und läßt sich darüber hinaus nicht erhitzen. Alle Wärme, die dem Wasser weiter zugeführt wird, dient dazu, es in Dampf zu verwandeln.

Bringt man Wasser in einem geschlossenen Gefäß zum Sieden, z. B. in einem Dampfkessel, so ist die Siedetemperatur eine andere. Der Dampf kann nicht entweichen und verstärkt den Druck auf das Wasser. Damit sich die Dampfblasen im Wasser auch bei diesem verstärkten Druck bilden können, muß das Wasser stärker er=

wärmt werden. Bei einem Dampfdruck von 10 Atm. beträgt die Siedetemperatur z. B. 180° C.

Der Wasserdampf nimmt einen bedeutend größeren Raum ein, als das Wasser, aus dem er entstanden ist. Läßt man 1 l Wasser in einem offenen Gefäß verdampfen, so nimmt der entstandene Wasserdampf einen Raum von etwa 1700 l ein. Verdampft man 1 l Wasser unter einem höheren Druck, z. B. bei 10 Atm. in einem Dampfkessel, so nimmt die Dampfmenge einen Raum von etwa 200 l ein. Der Rauminhalt nimmt also mit zunehmendem Druck ab, bleibt aber immer größer, als der des Wassers.

Der Dampf, der vom siedenden Wasser aufsteigt, heißt gesättigter Dampf. Er wird so genannt, weil der Raum, den er einnimmt, bei derselben Temperatur keinen weiteren Dampf mehr aufnehmen kann.

Leitet man gesättigten Dampf weiter zur Dampfmaschine, so kühlt sich ein Teil desselben an den Rohrleitungen, Zylinderwandungen usw. ab und verwandelt sich wieder in Wasser. Dies ist ein Nachteil, den man durch Überhitzen des Dampfes beheben kann. Man leitet den gesättigten Dampf, bevor er zur Maschine gelangt, durch geheizte Röhren. Diese werden meist durch Heizgase des Dampfkessels oder durch eine besondere Feuerung erhitzt. Dadurch wird die Temperatur des Dampfes erhöht. Er besitzt dann mehr Wärme, als zu seinem Bestehen notwendig ist. Der so überhitzte Dampf kann Wärme abgeben, ohne daß sich Teile von ihm in Wasser verwandeln. Der überhitzte Dampf hat auch einen größeren Rauminhalt, als der gesättigte. Hierdurch wird Dampf gespart. Durch überhitzten Dampf kann eine Kohlenersparnis bis zu $20^0/_0$ erzielt werden. Der Apparat, der zum Überhitzen des Dampfes dient, heißt **Überhitzer**.

### c) Kesselspeisewasser.

Das in der Natur vorkommende Wasser ist stets mit fremden Bestandteilen verunreinigt. Diese setzen sich beim Verdampfen des Wassers im Dampfkessel als Kesselstein oder als Schlamm ab. Beide üben eine schädliche Wirkung aus. Kesselstein und Schlamm setzen sich nämlich an den Kesselwandungen fest. Dadurch wird der rasche Wärmeübergang vom Kesselblech zum Wasser erschwert. Die Heizgase können ihre Wärme nicht genügend abgeben, was einen Verlust bedeutet. Außerdem wird das Blech der Kesselwand leicht zu stark erhitzt. Es glüht aus und kann sogar durchbrennen, was Explosionen zur Folge hat.

Das zum Speisen der Dampfkessel benutzte Wasser wird daher vielfach einer Reinigung unterworfen. Man unterscheidet eine mechanische und eine chemische Reinigung.

Durch die **mechanische** Reinigung werden Ton, Lehm, Schlamm usw. entfernt. Sie erfolgt, indem man das Wasser durch eine Kies- oder Koksschicht leitet und so filtriert.

In dem Wasser sind aber stets auch Stoffe aufgelöst, die sich durch Filtrieren nicht entfernen lassen, z. B. Kalksalze und Magnesiasalze. Je nachdem das Wasser viel oder wenig Kalksalze enthält, unterscheidet man hartes und weiches Wasser. Regenwasser ist sehr weich und wäre das beste Wasser zur Kesselspeisung. Die aufgelösten Beimengungen des Wassers werden unschädlich gemacht, indem man dem Wasser vorher Soda oder Kalkwasser zusetzt. Diese bilden mit den Salzen einen Bodensatz, der von Zeit zu Zeit entfernt wird. Das gereinigte Wasser gelangt dann in den Dampfkessel.

Bevor das Kesselspeisewasser in den Kessel gelangt, wird es vielfach vorge= wärmt. Die Apparate, die hierzu dienen, nennt man Vorwärmer oder Ekono= miser. Sie bestehen meist aus einer größeren Anzahl von Rohren, die nebenein= ander, liegend oder stehend, angeordnet sind. Die Rohre sind aus Schmiedeeisen, Gußeisen oder Kupfer hergestellt. Das Speisewasser wird langsam durch diese Rohre hindurchgeleitet. Außen werden die Rohre von den abziehenden Heizgasen des Dampf= kessels bestrichen. An Stelle der Heizgase benutzt man auch vielfach den Abdampf der Dampfmaschine zum Erwärmen des Speisewassers.

Das Vorwärmen des Speisewassers bietet große Vorteile. Die Heizgase des Dampf= kessels, die sonst nutzlos durch den Schornstein ins Freie strömen, werden zweckmäßig ausgenutzt. Dasselbe trifft für den Abdampf der Dampfmaschine zu. Durch die Vor= wärmung kann daher wesentlich an Kohle gespart werden.

### d) Feuerung der Dampfkessel.

Zum Verdampfen des Wassers im Kessel dient die Feuerung. Als Brennstoff ver= wendet man Steinkohle, Braunkohle, Koksgrieß, Holzabfälle, Sägemehl usw. Bei Schiffs= kesseln wird auch Öl benutzt. Die Verbrennung der festen Brennstoffe er= folgt auf einem Rost. Man unterscheidet verschiedene Arten von Feuerungen

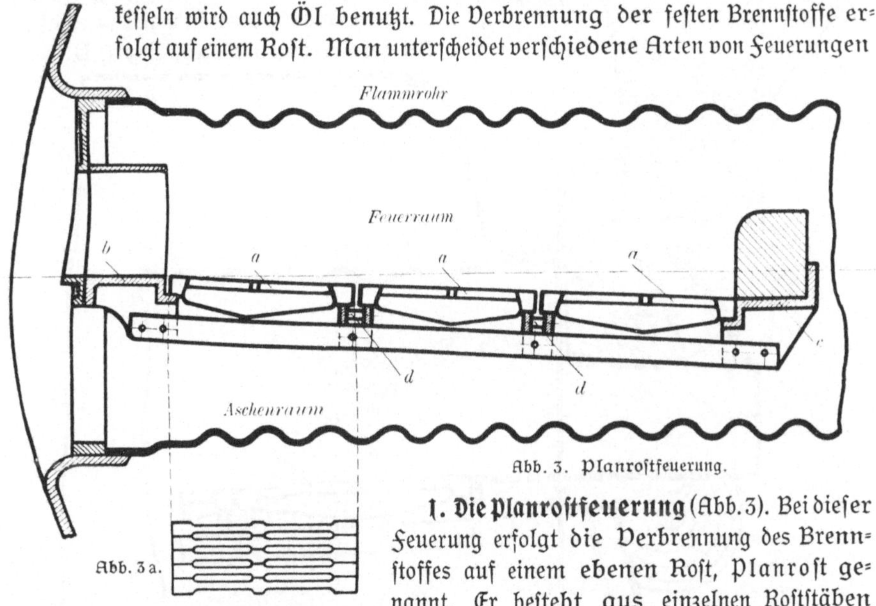


Abb. 3. Planrostfeuerung.

1. Die Planrostfeuerung (Abb. 3). Bei dieser Feuerung erfolgt die Verbrennung des Brenn= stoffes auf einem ebenen Rost, Planrost ge= nannt. Er besteht aus einzelnen Roststäben (Abb. 3 a). Sie sind auswechselbar und gewöhnlich aus Gußeisen hergestellt. Durch die Rostspalten tritt die zur Verbrennung nötige Luft (Sauerstoff) in den Feuer= raum. Bei der Verbrennung entsteht Asche. Diese fällt durch die Spalten in den Aschenraum.

Der Planrost ist meist nach hinten geneigt. Die Roststäbe *a* liegen vorne auf der Schür= oder Schwellplatte *b* (Abb. 3). Hinten sind sie auf der Feuer=brücke *c* gelagert. Bei größeren Rosten liegen 2 oder 3 Roststäbe hintereinander. Diese werden dann durch den Rostträger *d* gestützt. Die Begrenzung des Feuer=raumes nach der Seite und nach oben wird vielfach durch das Kesselblech (Flammrohr) gebildet. In anderen Fällen wird der Feuerraum aus feuerfestem Mauerwerk aus=geführt (Abb. 7).

Bei Bedienung der Planrostfeuerung hat der Heizer auf folgendes zu achten:

a) Die Feuertüre darf beim Aufgeben des Brennstoffes, beim Schüren und Ab=schlacken nicht länger offen bleiben, als unbedingt notwendig ist, damit nicht unnötig kalte Luft eintritt und Wärmeverluste herbeiführt.

b) Der Brennstoff ist in kleinen Mengen aufzugeben, und zwar so, daß er den Rost in gleichmäßiger Höhe bedeckt. Geschieht dies nicht, so findet keine gleichmäßige Verbrennung statt. Durch die dünnen Stellen tritt zuviel Luft, durch die dicken zu=wenig ein. Bei ungenügender Verbrennung raucht der Schornstein stark. Dieser Rauch enthält viel Ruß oder unverbrannte Kohle.

**2. Die Katapultfeuerung** (Abb. 4). Die gewöhn=liche Planrostfeuerung stellt an den Heizer große An=forderungen. Man ist deshalb dazu übergegangen, die Arbeit des Heizers zum größten Teil durch besondere Vorrichtungen zu ersetzen. Bei der Katapultfeuerung z. B. wird

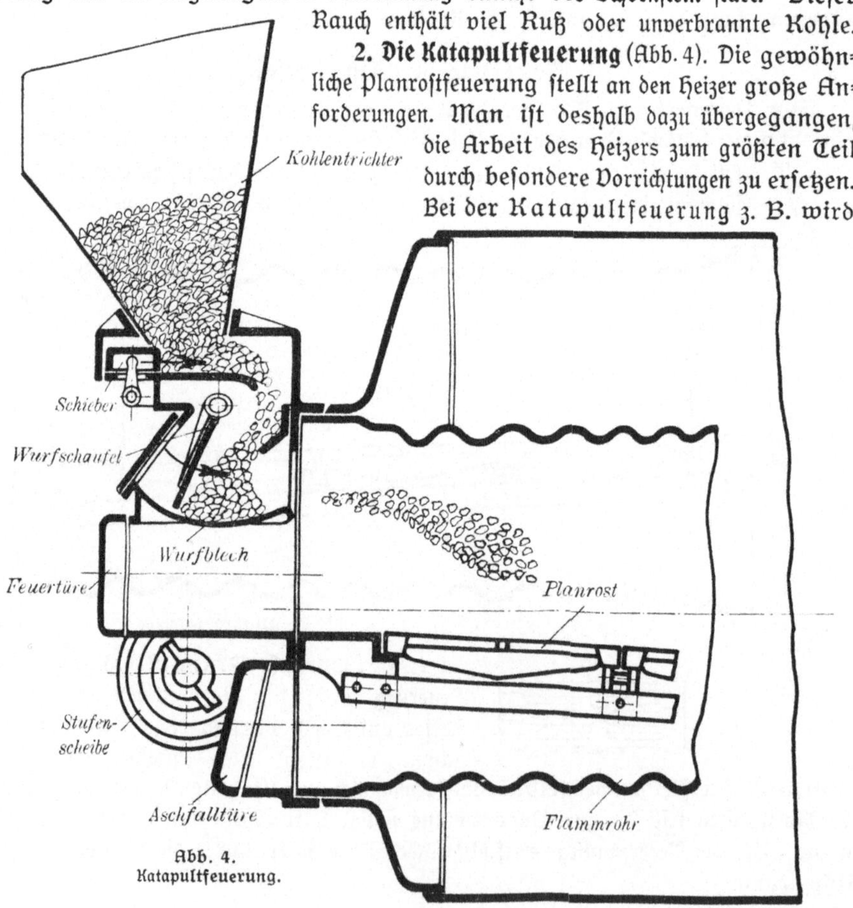


Abb. 4.
Katapultfeuerung.

der Brennstoff nicht von Hand auf den Rost gebracht, sondern selbsttätig. Die Vor=
richtung ist an der Stelle befestigt, wo sich sonst die Feuertüre befindet. Sie besteht
aus einem Trichter, in den die Kohle in größeren Mengen eingefüllt wird. Aus
diesem gelangt sie auf ein Wurfblech. Durch eine selbsttätige Wurfschaufel wird
die Kohle dann in drei verschiedenen Wurfweiten auf den Rost geworfen. Der An=
trieb der Wurfschaufel erfolgt von einer Transmission aus, oder durch einen besonderen
Elektromotor. Die Schaufel wird dabei durch eine Feder so angespannt, daß ab=
wechselnd der vordere, mittlere und hintere Teil des Rostes beschickt wird. Durch
eine besondere Feuertüre kann das Schüren und Abschlacken des Feuers erfolgen. Die
Katapultfeuerung eignet sich für gleichmäßigen Brennstoff und gleichmäßigen Betrieb
des Kessels.

**3. Die Wanderrostfeuerung** (Abb. 5). Der Rost besteht hier aus einer Kette ohne
Ende. Daher wird diese Feuerung auch Kettenrostfeuerung genannt. Die Kette ist
aus einzelnen Roststäben zusammengesetzt. Sie läuft über zwei Kettentrommeln.
Die vordere Trommel wird meist durch einen Elektromotor angetrieben. Der Brenn=
stoff gelangt aus einem Trichter auf den Kettenrost und bewegt sich langsam
mit diesem nach hinten in den Verbrennungsraum, an dessen hinterem Ende
sich eine Feuerbrücke befindet. Diese besteht aus einem Hohlkörper aus Schmiede=
eisen, der durch Wasser gekühlt wird. An diesem Hohlkörper ist ein Pendelrost
aufgehängt. Dieser ist unterteilt in eine Anzahl Staupendel. Schlacke und Asche
stauen sich vor diesem zunächst auf, bis der Druck so stark wird, daß die Pen=
del ausschlagen. Dadurch können Schlacke und Asche nach hinten abgleiten in den
Aschenraum.

Bei der Wanderrostfeuerung geschieht also weder das Aufgeben des Brennstoffes,
noch das Schüren und Abschlacken von Hand, so daß man die Türen des Feuer= oder
Aschenraumes nicht zu öffnen braucht. Der ganze Wander=
rost ist mit Lauf=
rädern auf Schie=
nen gelagert.
Zum Reinigen,

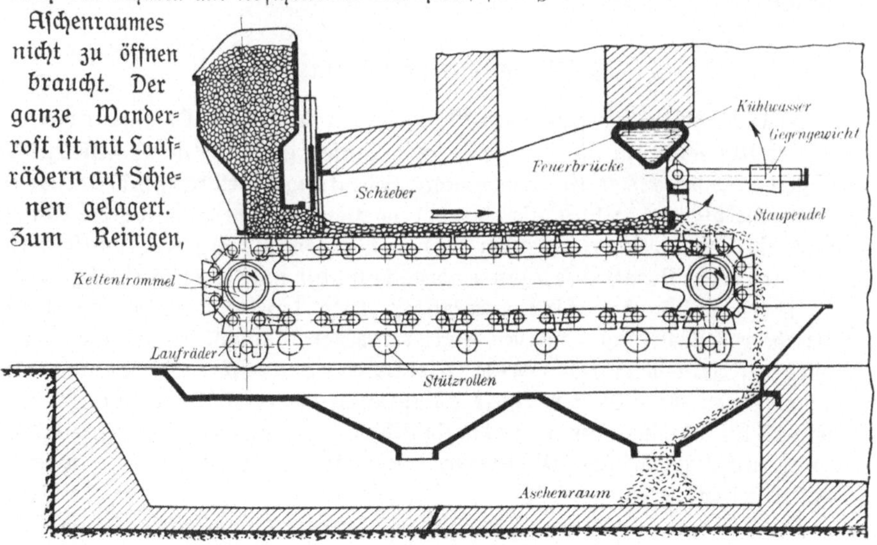


Abb. 5. Wanderrostfeuerung.

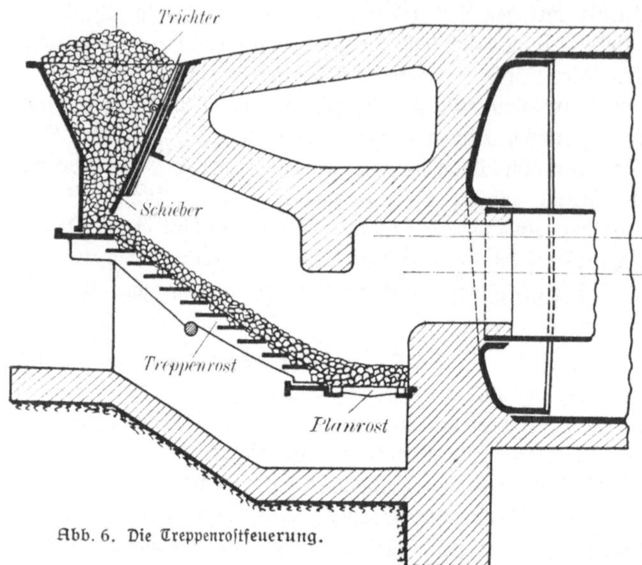


Abb. 6. Die Treppenrostfeuerung.

Einsetzen von neuen Roststäben und sonstigen Reparaturen kann er aus der Feuerung herausgefahren werden.

**4. Die Treppenrostfeuerung** (Abb. 6). Bei dieser Feuerung sind die Roststäbe treppenförmig übereinander angeordnet. Sie sind in seitlichen Wangen gelagert, ähnlich wie die Stufen einer Treppe. Der Treppenrost eignet sich besonders für feinkörnige Brennstoffe, wie Staubkohle, Koksgrieß, Sägespäne, Torf, Lohe usw. Diese Brennstoffe würden beim Planrost zum großen Teil unverbrannt durch die Rostspalten hindurchfallen. Beim Treppenrost bleiben sie auf den einzelnen Treppen liegen und verbrennen. Unten endigt der Treppenrost in einem schmalen Planrost. Hier kann der Brennstoff vollständig ausbrennen. Das Brennmaterial wird dem Rost in der Regel durch einen Trichter zugeführt und die Zuführung durch einen Schieber geregelt. Die Bedienung besteht nur in dem Durchstoßen der Spalten und dem Entfernen der Schlacke.

## e) Allgemeines über Dampfkessel.

Jeder Dampfkessel besitzt einen Wasserraum und einen Dampfraum.

Der Wasserraum ist der untere, mit Wasser gefüllte Teil des Kessels. Die Größe des Wasserraumes ist von besonderer Bedeutung. Weil nämlich 1 l Wasser bedeutend mehr Wärme enthält, als 1 l Dampf von gleicher Temperatur, so ist der Wasserraum ein Wärmespeicher. Werden daher von einem Kessel unregelmäßig und plötzlich große Dampfmengen verlangt, so wählt man einen Kessel mit großem Wasserraum (Großwasserraumkessel). Dies trifft z. B. zu bei Kesseln zum Betriebe von Walzenzugmaschinen, Fördermaschinen, Dampfhämmern usw. Einen Kessel mit kleinem Wasserraum (Kleinwasserraumkessel) wird man dann wählen, wenn eine gleichmäßige Dampfentnahme stattfindet. Das ist z. B. der Fall bei Dampfmaschinen für den Antrieb von Dynamomaschinen (Elektrizitätswerke). Kessel mit kleinem Wasserraum lassen sich auch leichter anheizen, was für Schiffskessel wichtig ist.

Der Dampfraum eines Kessels ist der stets mit Dampf gefüllte Raum. Hier soll sich der Dampf von dem mitgerissenen Wasser befreien. Ein großer Dampfraum hat also den Zweck, trockenen Dampf zu liefern. Den abwechselnd mit Dampf und Wasser gefüllten Raum des Kessels nennt man S p e i s e r a u m. Er ist der Raum zwischen dem höchsten und niedrigsten Wasserstand.

Die Fläche der Kesselwandungen, die von Heizgasen bestrichen wird, heißt H e i z = f l ä c h e.

## f) Arten der Dampfkessel.

**1. Der Walzenkessel** (Abb. 7). Er besteht aus einem zylindrischen Gefäß, welches an beiden Enden durch gewölbte oder ebene Böden geschlossen ist. Der vordere Boden wird meist mit einem Vorkopfe versehen. Dieser dient zum Befestigen des Wasserstandanzeigers. Der Zylinder ist aus mehreren Teilen, den K e s s e l s c h ü s s e n, zusammengesetzt. Die einzelnen Schüsse und die Kesselböden bestehen aus Flußeisen= blech. Sie werden durch Nieten dicht miteinander verbunden.

Gewöhnlich ist der Kessel oben mit einem D a m p f d o m versehen, in dem sich der Dampf zur weiteren Trocknung sammeln soll. Der Dampf wird hier durch ein Absperrventil entnommen. Am Dampfdom ist auch ein Sicherheitsventil angebracht. Ferner ist der Dom mit dem sog. M a n n l o c h versehen. Das Mannloch ist so groß, daß ein Mann durch dasselbe in den Kessel einsteigen kann, um ihn von Kesselstein, Schlamm usw. zu reinigen. Es wird durch den Mannlochdeckel abge= schlossen (Abb. 8).

Die Feuerung befindet sich beim Walzenkessel in der Regel unter dem= selben. Von der Feuerung gelangen die Heizgase in den Feuerzug. Hier streichen sie unter dem Kessel und seitlich an demselben vorbei. Nachdem sie so ihre Wärme an die Kesselwand abgegeben haben, strömen sie in den Fuchs. Von da gelangen

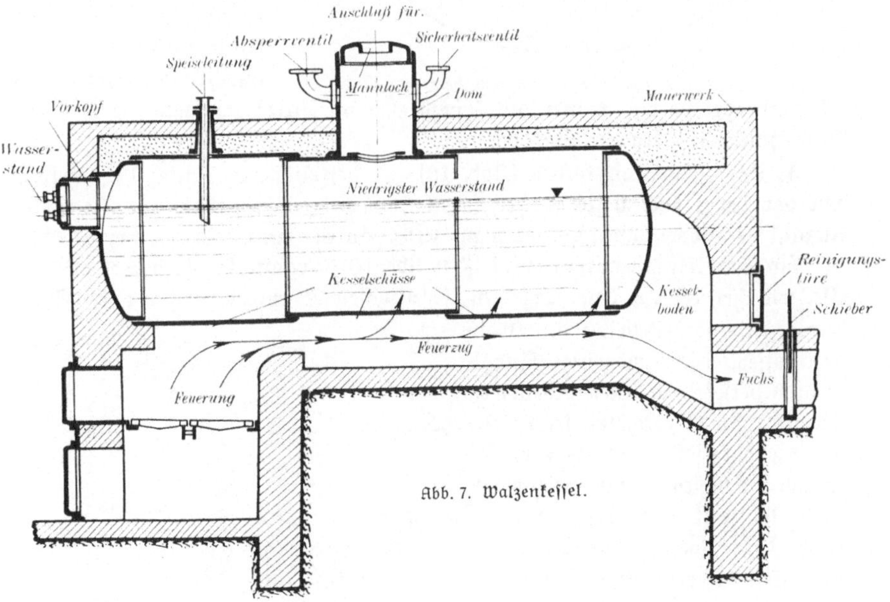


Abb. 7. Walzenkessel.

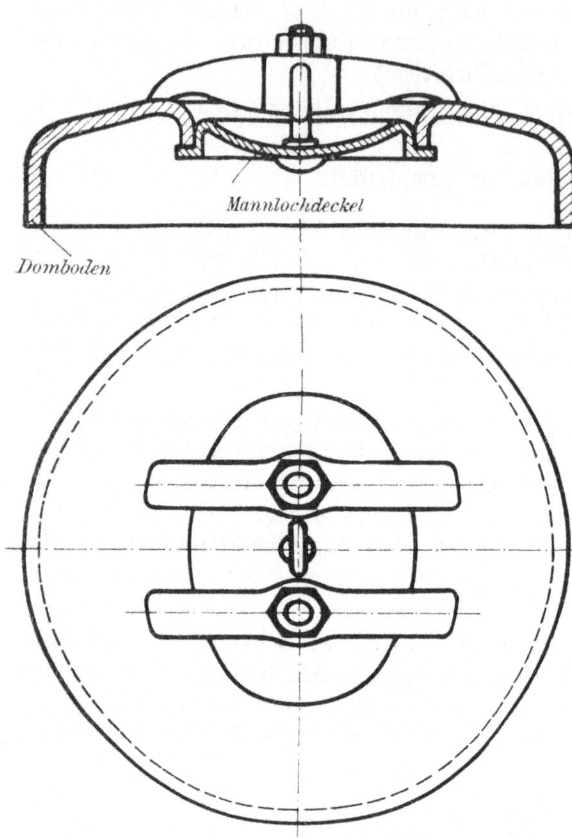



Abb. 8. Domboden mit Mannlochdeckel.

sie durch den Schornstein ins Freie. Zur Lagerung des Kessels sind seitlich an der Kesselwand Winkel aus Guß- oder Schmiedeeisen angenietet, die man Pratzen nennt (Abb. 9). Die Pratzen liegen im Mauerwerk auf, welches den Kessel umgibt.

Der Walzenkessel ist einfach und billig herzustellen und erfordert wenig Reparaturen; er hat jedoch den Nachteil, daß der Feuerzug sehr kurz ist, und die Heizgase infolgedessen schlecht ausgenutzt werden. Daher wird er wenig angewandt. Er besitzt von allen Kesselarten den größten Wasserraum, ist also ein **Großwasserraumkessel.**

**2. Der mehrfache Walzenkessel.** Er besteht aus mehreren über- oder nebeneinanderliegenden einfachen Walzenkesseln, die unter sich durch Stutzen verbunden sind.

Man wendet sie an, wenn die Dampfentnahme stark schwankt und öfter große Dampfmengen gebraucht werden.

**3. Der Flammrohrkessel** (Abb. 10). Er besteht aus einem Walzenkessel, in den der Länge nach weite Rohre, sog. Flammrohre eingebaut sind. Je nach der Anzahl der Rohre unterscheidet man: Ein-, Zwei- und Dreiflammrohrkessel.

**Ein Zweiflammrohrkessel** ist in Abb. 10 dargestellt. Er besteht aus einem **Walzenkessel,** der aus den einzelnen Kesselschüssen A zusammengesetzt ist. Er wird durch die beiden Kesselböden B abgeschlossen. Diese sind mit Einhalsungen versehen, in denen die beiden Flammrohre C vernietet sind. Die Flammrohre sind ebenfalls aus einzelnen Schüssen zusammengesetzt. Abb. 10 zeigt gewellte Rohre. Vielfach wendet man auch glatte Rohre an. Die Wellrohre besitzen eine größere Festigkeit als die glatten Rohre. Sie können den Wärme-

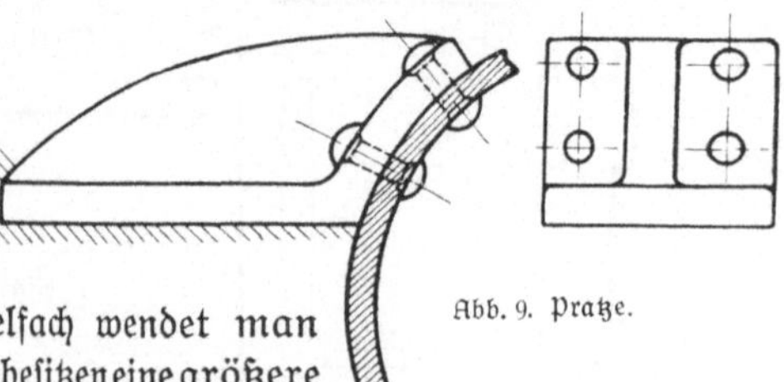

Abb. 9. Pratze.

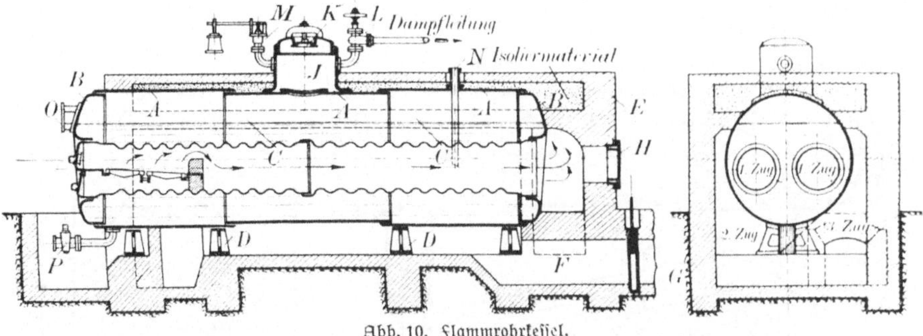

Abb. 10. Flammrohrkessel.

ausdehnungen durch die Feuerung besser nachgeben. Auch ist die Heizfläche infolge der Wellen größer als bei glatten Rohren. Der ganze Kessel ruht auf gußeisernen Untersätzen D (Kesselstühle) und ist von Mauerwerk E umgeben.

Vorne in die Flammrohre sind die Feuerungen eingebaut. Es sind Planrost= feuerungen. Die Heizgase, welche sich auf dem Rost entwickeln, ziehen durch die beiden Flammrohre nach hinten. Hier werden sie seitlich an der linken Kesselwand vorbei nach vorne geleitet. Dort streichen sie unter dem Kessel um die gemauerte Zunge, welche die linke von der rechten Kesselseite trennt, nach rechts. An der rechten Kesselwand vorbei gehen sie dann wieder nach hinten. In 3 Zügen umstreichen sie also den Kessel. Der 1. Zug geht von vorn nach hinten, der 2. Zug von hinten nach vorn und der 3. wieder von vorn nach hinten. In allen 3 Zügen geben die Heizgase einen Teil ihrer Wärme ab und gelangen aus dem 3. Zuge endlich in den Fuchs F und von da durch den Schornstein ins Freie.

In dem Fuchs F ist ein Schieber G angebracht. Er läßt sich vom Heizerstand aus bedienen. Durch Öffnen und Schließen des Schiebers kann man den Schorn= steinzug größer oder kleiner halten.

An der hinteren Wand der Kesseleinmauerung ist eine Reinigungstüre H an= gebracht. Von hier gelangt man in die Züge, um sie von Asche und Flugstaub zu reinigen.

Oben auf dem Kessel befindet sich der Dampfdom J mit dem Mannloch K. Hier ist auch das Hauptabsperrventil L und das Sicherheitsventil M angebracht. Durch die Speiseleitung N wird das Speisewasser zugeführt. Der vordere Kesselboden trägt 2 Stutzen O für einen Wasserstandanzeiger. An der tiefsten Stelle des Kessels befindet sich vorn ein Hahn P. Er dient zum Ablassen von Wasser und Schlamm.

Vorteile des Flammrohrkessels sind:

Durch die Flammrohre hat der Kessel eine große Heizfläche. Er läßt sich also schnell anheizen. Die Reinigung des Kessels ist einfach. Er erfordert wenig Repara= turen. Vor allen Dingen ist sein Anschaffungspreis niedrig.

Nachteile sind:

Die Flammrohre haben eine große Hitze auszuhalten. Bei schlechter Bedienung, insbesondere bei zu niedrigem Wasserstand, können sie leicht durchbrennen. Hierdurch sind schon heftige Explosionen hervorgerufen worden.

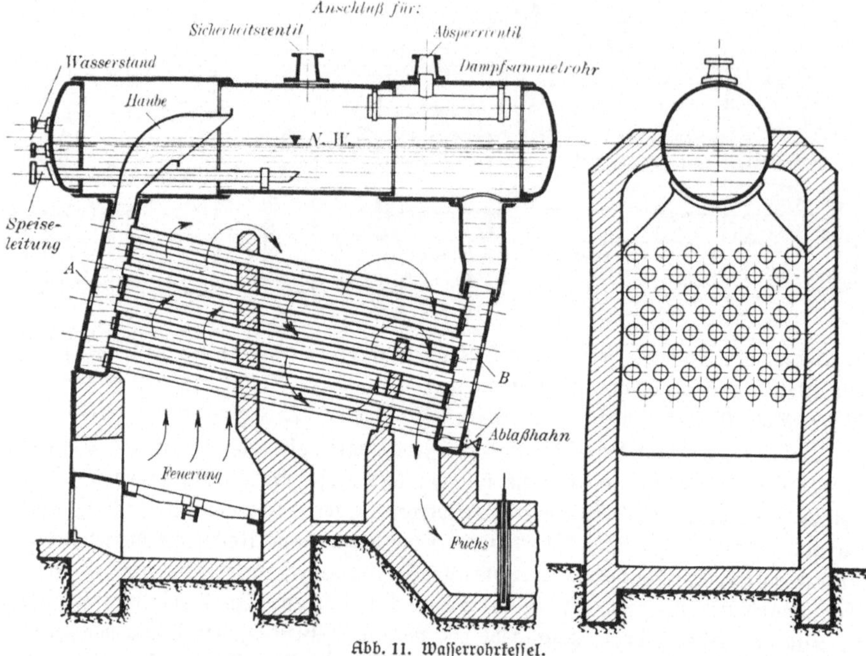



Abb. 11. Wasserrohrkessel.

Anwendung: Die Flammrohrkessel werden sehr viel angewandt. Man findet sie in fast allen Betrieben. Sie gehören zu den **Großwasserraumkesseln**.

**4. Der Wasserrohrkessel** (Abb. 11). Er besteht aus einem Oberkessel, der als Walzenkessel ausgebildet ist. Unter dem Oberkessel befinden sich vorne und hinten kastenartige Kammern (*A* und *B*). Diese Kammern sind durch eine Anzahl Rohre von etwa 100 mm $\Phi$ miteinander verbunden. Kammern und Rohre sind mit **Wasser** gefüllt, daher auch der Name Wasserrohrkessel. Außen werden die Rohre von den **Heizgasen** umspült. Den einzelnen Rohren gegenüber befinden sich in den äußeren Wänden der Kammern Öffnungen. Durch diese kann man die Rohre von Kesselstein, Schlamm usw. reinigen. Diese Öffnungen werden durch besondere Deckel verschlossen (Abb. 12).

Das Speisewasser tritt durch die Speiseleitung in den Oberkessel ein und gelangt in die Kammern und Wasserrohre. Durch die Feuerung wird das Wasser in den Rohren erwärmt und verdampft. Das erwärmte und mit Dampfblasen gemischte Wasser steigt durch die vordere Kammer in den Oberkessel. Damit das Wasser hierbei nicht herumspritzt, ist die vordere Kammer mit einer

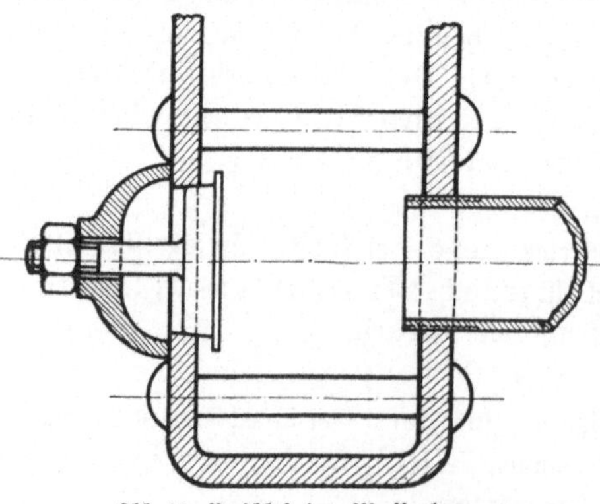

Abb. 12. Verschluß der Wasserkammern.

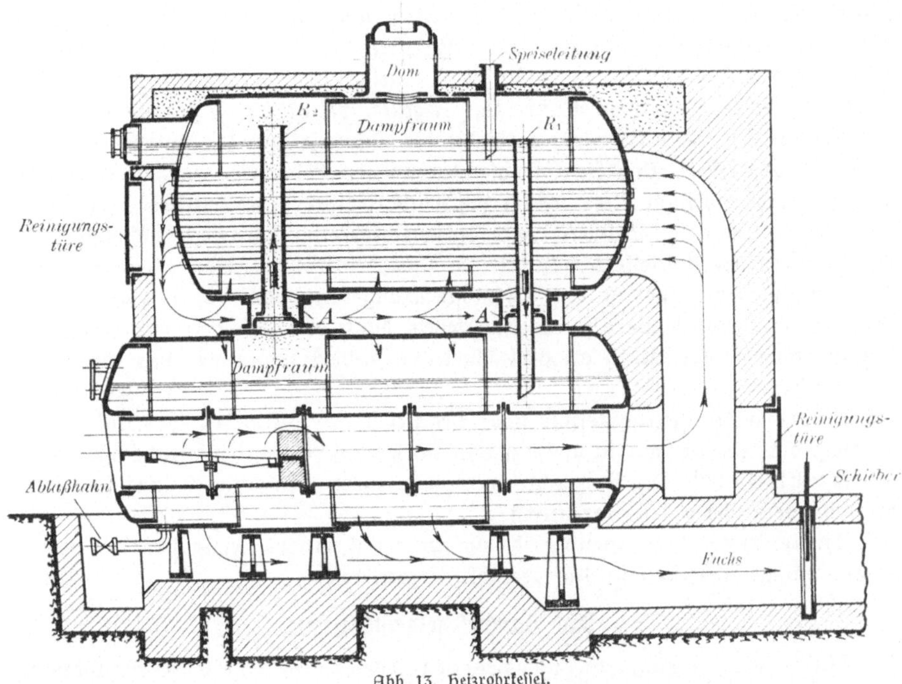

Abb. 13. Heizrohrkessel.

Haube aus Blech versehen. Sie mündet über dem Wasserspiegel in den Dampfraum. Aus dem Oberkessel sinkt das Wasser wieder in die hintere Kammer und in die Rohre und zirkuliert so weiter.

Der Dampf sammelt sich in einem Sammelrohr und tritt vor das Absperr= ventil. Von hier wird er weiter zur Maschine geleitet. Der Wasserrohrkessel (Abb. 11) hat eine Planrostfeuerung. Die Heizgase umspülen schlangenartig das ganze Röhren= bündel und gelangen dann durch den Fuchs in den Schornstein.

Vorteile der Wasserrohrkessel sind:

Die Kessel heizen sich schnell an, denn sie besitzen in den Rohren eine große Heiz= fläche. Sie nehmen wenig Platz in Anspruch.

Nachteile sind: Die verdampfende Wasseroberfläche ist sehr klein. Daher ist der Dampf meist naß. Die Rohre werden an den Einsatzstellen leicht undicht. Ihre Reinigung ist umständlich und schwierig. Der Wasserraum des Kessels ist klein. Infolgedessen schwankt der Dampfdruck bei unregelmäßiger Entnahme des Dampfes.

Anwendung: Man wendet den Wasserrohrkessel in Betrieben an, wo eine gleichmäßige Dampfentnahme stattfindet und der Platz beschränkt ist, z. B. in Elektrizi= tätswerken.

**5. Der Heizrohrkessel (Abb. 13).** Er ist ein Walzenkessel, der anstatt von einzelnen weiten, von einer großen Anzahl kleinerer Rohre durchzogen ist. Durch die einzelnen Rohre ziehen innen die Heizgase hindurch. Außen werden sie von Wasser um=

spült. Der Heizrohrkessel wird meist mit einem anderen Kessel zusammengebaut. Abb. 13 zeigt die Vereinigung eines Heizrohrkessels mit einem Flammrohrkessel. Die beiden Kessel sind durch 2 Stutzen $A$ miteinander verbunden. Durch jeden Stutzen geht ein senkrechtes Rohr. Das Rohr $R_1$ reicht bis in den Wasserraum des Unterkessels; das Rohr $R_2$ verbindet den Dampfraum des Unterkessels mit dem des Oberkessels. Das Speisewasser tritt in den Oberkessel ein. Ist dieser genügend gefüllt, so fließt alles weiter zugeführte Wasser durch das Rohr $R_1$ in den Unterkessel. Durch das Rohr $R_2$ wird der im Unterkessel erzeugte Dampf nach dem Dampfraum des Oberkessels geführt. Die Dampfentnahme findet am Dom statt. In dem Flammrohrkessel ist eine Planrostfeuerung eingebaut. Die Heizgase ziehen zunächst durch das Flammrohr des Unterkessels, dann durch die Heizrohre des Oberkessels und von dort seitlich an dem Mantel des Ober- und Unterkessels vorbei in den Fuchs.

Vorteile des Heizrohrkessels sind: Der Kessel hat durch das Flammrohr und die Heizrohre eine sehr wirksame Heizfläche. Der Brennstoff wird also gut ausgenutzt.

Nachteile sind: Die Heizrohre werden an ihren Einsatzstellen leicht undicht. Sie erfordern also viel Reparaturen.

Anwendung. Man wendet ihn an, wenn auf einem kleinen Platz eine verhältnismäßig große Kesselanlage errichtet werden soll.

### g) Die Dampfkesselarmaturen.

Für den ordnungsmäßigen und sichern Betrieb der Dampfkessel ist eine Anzahl von Apparaten erforderlich. Diese Apparate bezeichnet man mit Dampfkesselarmatur. Man unterscheidet eine feine und eine grobe Armatur.

Zur feinen Armatur gehören:

**1. Das Speiseventil** (Abb. 14). Durch dieses Ventil gelangt das Speisewasser aus der Leitung in den Kessel. Es ist so eingerichtet, daß das Wasser aus der Speiseleitung in den Kessel eintreten kann; es verhindert aber ein Zurückfließen des Wassers. (Rückschlagventil.)

**2. Das Sicherheitsventil** (Abb. 15). Durch dieses Ventil soll ein Überschreiten des zulässigen Dampfdruckes im Kessel verhindert werden. Sobald der Dampf einen bestimmten Druck erreicht hat, hebt sich das Ventil, und der Dampf entweicht ins Freie. Durch Verschieben eines Gewichtes kann das Ventil für einen bestimmten Druck eingestellt werden.

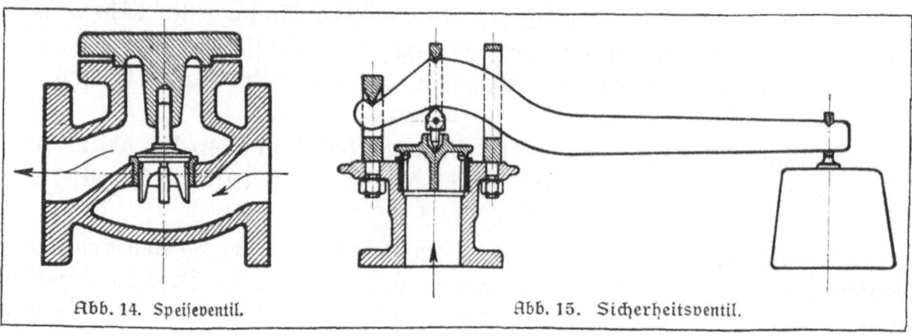

Abb. 14. Speiseventil.                              Abb. 15. Sicherheitsventil.

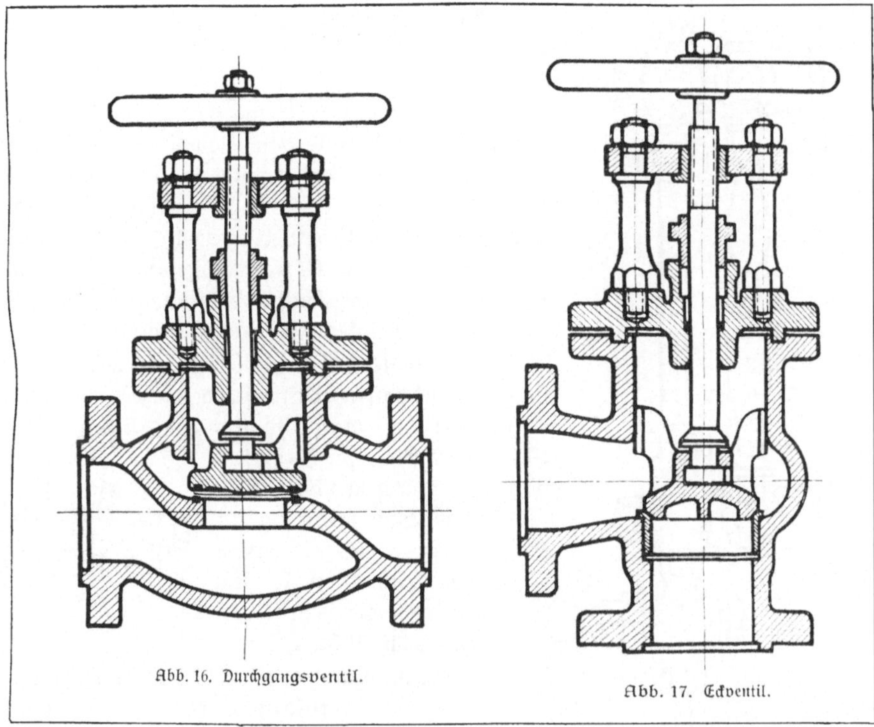

Abb. 16. Durchgangsventil.

Abb. 17. Eckventil.

**3. Das Dampfabsperrventil** (Abb. 16 und 17). Es dient zur Absperrung des Dampfaustrittes aus dem Kessel. Je nach Bedarf ist es ein Durchgangsventil (Abb. 16) oder ein Eckventil (Abb. 17).

**4. Das Ablaßventil** (Abb. 18). Jeder Kessel muß mit einem Ablaßventil versehen sein. Man braucht es zum Ablassen des Wassers bei der Reinigung oder der Untersuchung des Kessels. Ferner dient es zum zeitweisen Ablassen von Schmutz und Schlamm, der sich im Kessel ansammelt. Das Ablaßventil unterscheidet sich von dem gewöhnlichen Absperrventil im wesentlichen nur durch den Ventilkegel. Dieser ist beim Ablaßventil schwach konisch gehalten. Es dichtet dadurch leichter ab, auch wenn Schmutz und Schlamm das Ventil verunreinigen. An Stelle des Ventiles nimmt man auch vielfach einen Ablaßhahn.

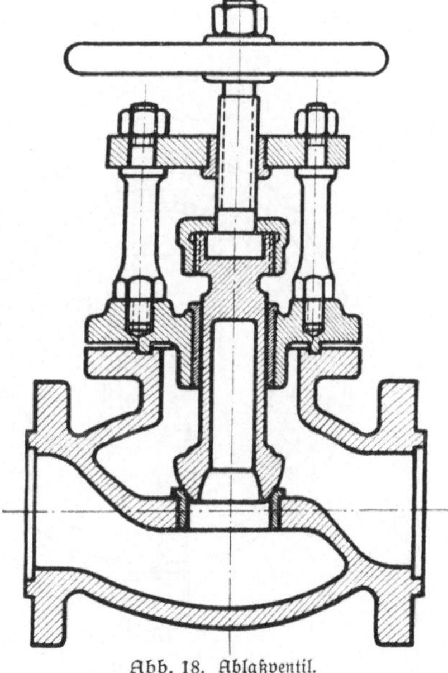

Abb. 18. Ablaßventil.

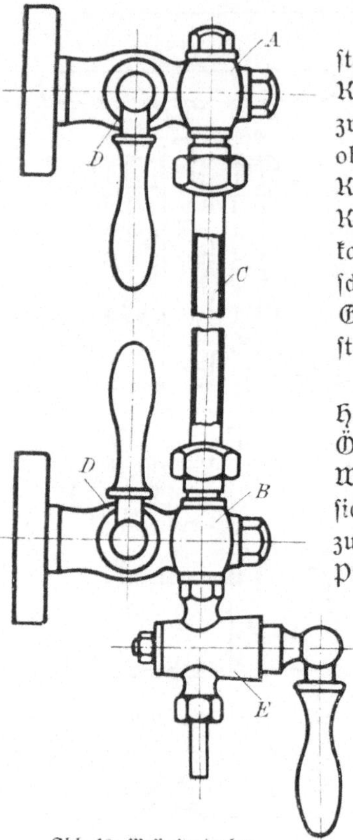

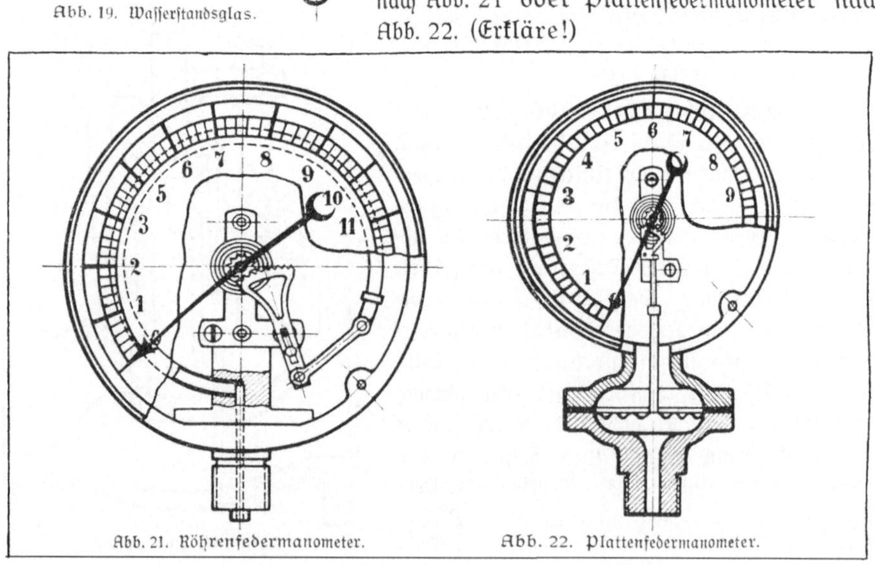

Abb. 19. Wasserstandsglas.

**5. Das Wasserstandsglas** (Abb. 19). Das Wasser=
standsglas zeigt den jeweiligen Stand des Wassers im
Kessel an. Es besteht aus einer Glasröhre C, die
zwischen 2 Hahnköpfen A und B eingedichtet ist. Der
obere Kopf A steht mit dem Dampfraum, der untere
Kopf B mit dem Wasserraum in Verbindung. Die
Köpfe sind mit den Hähnen D versehen. Mit diesen
kann man jederzeit den Weg nach dem Kessel ver=
schließen. Dies ist z. B. notwendig beim Bruch eines
Glases. Ein dritter Hahn E am unteren Kopf ge=
stattet das Durchblasen von Dampf durch die Glasröhre.

**6. Der Probierhahn** (Abb. 20). Er wird in der
Höhe des niedrigsten Wasserstandes angebracht. Beim
Öffnen des Hahnes muß also stets
Wasser austreten. Der Hahn setzt
sich leicht von innen mit Kesselstein
zu. Deshalb muß man ihn zur
Prüfung von vorn mit einem
Draht durchstoßen können.
Daher auch die Form des
Hahnes nach Abb. 20.

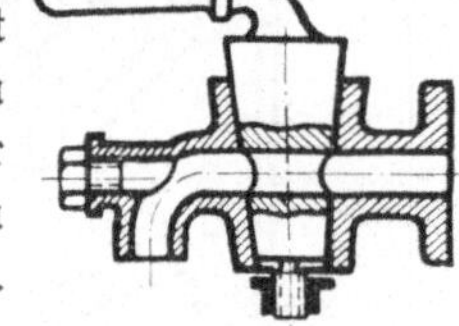

Abb. 20. Probierhahn.

**7. Das Manometer** (Abb. 21 u. 22). Es dient zur
Messung des Dampfdruckes im Kessel und ist mit
einer roten Marke für den höchstzulässigen Dampf=
druck versehen. Man hat Röhrenfedermanometer
nach Abb. 21 oder Plattenfedermanometer nach
Abb. 22. (Erkläre!)

Abb. 21. Röhrenfedermanometer.　　　Abb. 22. Plattenfedermanometer.

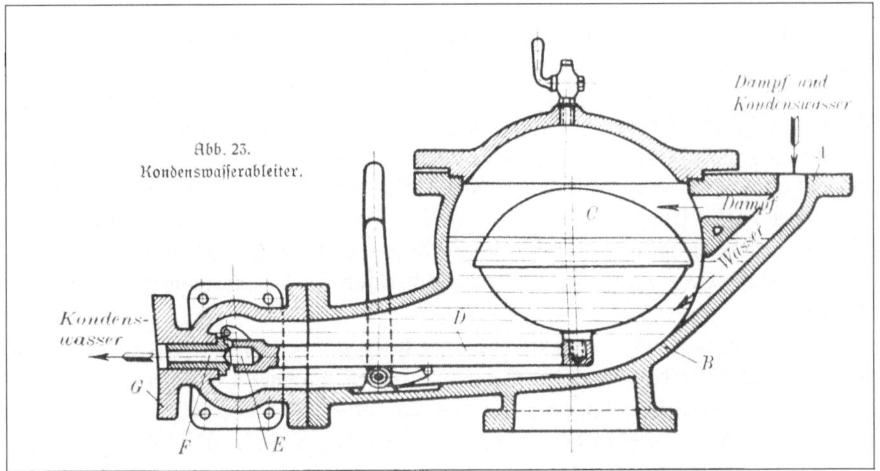



**8. Der Kondenswasser=Ableiter** (Abb. 23). Der Dampf kühlt sich in den Rohr= leitungen ab. Dadurch schlägt sich ein Teil desselben als Wasser nieder. Es bildet sich das sog. Kondenswasser. Dieses wird durch besondere Apparate abgeleitet, um Wasseransammlungen zu vermeiden. Derartige Apparate nennt man Kondens= wasser=Ableiter. In Abb. 23 ist ein solcher Apparat dargestellt. Die Wirkungsweise desselben ist folgende:

An der tiefsten Stelle der Dampfleitung wird ein Rohr abgezweigt und zum Anschlußstutzen A geführt. Der Dampf und das Kondenswasser können nun in das Gehäuse B eintreten. In dem Gehäuse befindet sich ein Schwimmer C an einem Hebel D. Der Hebel trägt einen Ventilkegel E, welcher auf einen Ventilsitz F wirkt. Der Schwimmer ruht durch sein Eigengewicht zunächst auf dem Boden des Gehäuses B, und das Ventil ist geschlossen. Allmählich tritt nun Kondenswasser in das Gehäuse ein. Dadurch erhält der Schwimmer einen Auftrieb, und das Ventil öffnet sich. Das Kondenswasser kann am Stutzen G abfließen. Mit dem Abfließen des Wassers läßt der Auftrieb des Schwimmers nach, das Eigengewicht überwiegt, und der Schwimmer wird wieder heruntergedrückt. So regelt sich die Ableitung des Kondenswassers selbsttätig.

Zur groben Armatur gehören: Der Rost, die Feuertüren, die Rauchschieber, die Kesselstühle usw.

## h) Wartung der Dampfkessel.

Die Dampfkesselanlage einer Fabrik ist als ein Teil ihrer Kraftanlage von besonderer Bedeutung. Muß die Kesselanlage ihren Betrieb einstellen, so steht auch der Fabrikbetrieb. Ferner kann unsachgemäße Behandlung des Kessels Veranlassung zu verheerenden Explosionen geben, denen oft genug Menschenleben zum Opfer ge= fallen sind. Deshalb ist der Kesselbetrieb durch eine Reihe von Vorschriften geregelt, deren genaue Innehaltung strenge Pflicht des Kesselwärters ist.

Vor allen Dingen darf der Kessel während des Betriebes nie ohne sachverstän= dige Aufsicht bleiben, und damit die Aufmerksamkeit des Kesselwärters nicht ab= gelenkt wird, ist Unbefugten das Betreten des Kesselhauses streng verboten.

Von besonderer Bedeutung ist es, daß der Wasserstand im Kessel nicht zu tief sinkt. Am Kessel ist außen deutlich erkennbar der zulässige niedrigste Wasserstand durch besondere Marke gekennzeichnet. Sinkt der Wasserspiegel tiefer, als diese Marke anzeigt, so besteht die Gefahr, daß Kesselteile vom Feuer bestrichen werden, die innen nicht durch Wasser bedeckt sind. Diese können dadurch zum Glühen kommen, sich einbeulen oder gar aufreißen. Eine Kesselexplosion wäre die Folge. Eine Reihe von Vorschriften sorgt deshalb dafür, daß der Wasserstand stets zuver= lässig beobachtet und mit der Marke verglichen werden kann (Wasserstandsglas, Probierhähne), und daß die Speisevorrichtungen in betriebsfähigem Zustande bleiben.

Der Dampfdruck, für den der Kessel berechnet und gebaut ist, soll unter keinen Umständen überschritten werden. Deshalb befassen sich andere Vorschriften mit der Prüfung und Instandhaltung des Manometers und Sicherheitsventils.

Wieder andere Vorschriften ordnen an, daß der Kessel regelmäßig gründlich von dem schädlichen Kesselstein nnd Schlamm im Innern, außen aber von Ruß und Flugasche gereinigt und dann einer gründlichen Besichtigung innen und außen daraufhin unterzogen wird, ob sich irgendwo Schäden, z. B. durch Rostanfressungen, Lockerung von Nieten, Verstopfung von Hähnen u. dgl. zeigen.

Wichtig ist es schließlich, daß mit dem Brennstoff sparsam umgegangen wird. Sachgemäße Bedienung der Feuerung ist daher eine Hauptaufgabe des Kessel= wärters. Um ihr gerecht werden zu können, muß er eine besondere Ausbildung erhalten (Heizerkurse) und seinen Kessel beständig beobachten. Dann wird es nicht vorkommen, daß er zur Zeit, wo der Betrieb viel Dampf verbraucht, ein kleines Feuer und geringen Dampfdruck im Kessel hat, dagegen ein hohes Feuer und abblasende Sicherheitsventile bei Betriebsschluß am Feierabend.

## 3. Die Dampfmaschinen.

### a) Allgemeines.

Wenn in einem Kessel Wasser gekocht wird, hebt der Wasserdampf den Deckel an, um entweichen zu können. Er übt also eine Kraft aus, welche man Spannkraft nennt. Der Druck oder die Spannkraft des Wasserdampfes wird in der Dampfma= schine zur Arbeitsleistung ausgenutzt. Die erste Dampfmaschine wurde im Jahre 1703 von dem Engländer Newcomen gebaut. Sie war aber noch recht unvollkommen und fand daher wenig Nachahmung. Erst dem Engländer Watt gelang es im Jahre 1782, eine brauchbare Dampfmaschine zu bauen. Mit Recht gilt daher Watt als ihr Erfinder. Wenn auch die Dampfmaschinen unserer Zeit äußerlich mit jener von Watt erbauten gar keine Ähnlichkeit mehr haben, und wenn auch die Dampfkraft in ihnen durch die Fortschritte von Wissenschaft und Technik im Laufe der Zeit zu weit größerer Ausnutzung und Wirkung gebracht worden ist, so sind sie doch nur eine Vervollkommnung der praktischen Lösung, die Watt in seiner Maschine für die Ausnutzung des Dampfes zur Erzeugung von Arbeitskraft ge= funden hat.

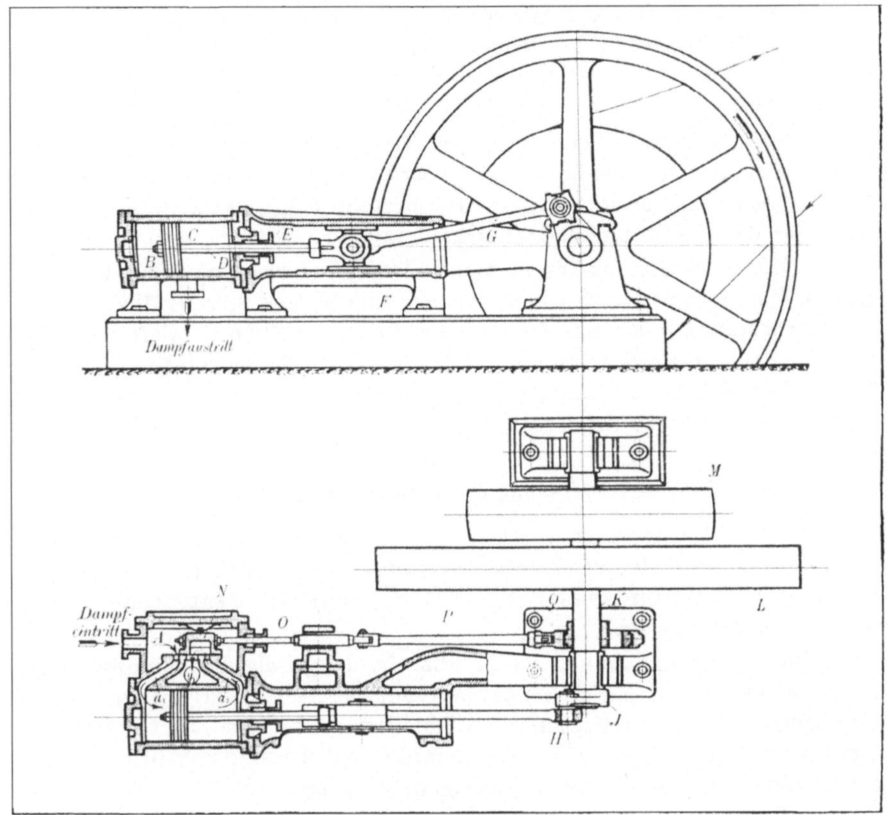



Abb. 24. Dampfmaſchine.

## b) Beſchreibung und allgemeine Wirkungsweiſe der Dampfmaſchinen.

Die heute gebauten Dampfmaſchinen ſind ſog. Kolbendampfmaſchinen. In Abb. 24 iſt eine ſolche dargeſtellt. Der Dampf gelangt vom Dampfkeſſel durch eine Rohr= leitung zur Maſchine. Hier tritt er in den Schieberkaſten $A$ ein und gelangt ab= wechſelnd durch die Kanäle $a_1$ und $a_2$ in den Zylinder $B$. In dem Zylinder $B$ kann ſich der Kolben $C$ hin= und herbewegen. Je nachdem nun der Dampf durch den Kanal $a_1$ oder $a_2$ einſtrömt, wird der Kolben infolge des Dampfdruckes nach rechts oder nach links fortbewegt. Der Kolben iſt feſt mit der Kolbenſtange $D$ verbunden und überträgt ſeine Bewegung auf dieſe. Die Kolbenſtange tritt durch die Stopf= büchſe $E$ aus dem Zylinder aus. Durch die Stopfbüchſe wird die Kolbenſtange abgedichtet, ſo daß an dieſer Stelle kein Dampf aus dem Zylinder austreten kann. An dem einen Ende der Kolbenſtange ſitzt der Kreuzkopf $F$. Er führt ſich gerad= linig in einer Gleitbahn. Im Kreuzkopf iſt das eine Ende der Kurbel= oder Pleuel= ſtange $G$ drehbar gelagert. Das andere Ende der Pleuelſtange greift am Kurbel= zapfen $H$ der Kurbel $J$ an. Die Kurbel iſt auf der Kurbelwelle $K$ feſt aufgekeilt.

Auf der Kurbelwelle sitzt das Schwungrad *L*. Kreuzkopf, Pleuelstange und Kurbel nennt man Kurbelgetriebe. Durch das Kurbelgetriebe wird die hin= und her=gehende Bewegung des Kolbens in eine drehende Bewegung der Kurbelwelle umgewandelt.

Auf der Kurbelwelle ist vielfach eine Riemscheibe *M* aufgekeilt. Von dieser erfolgt durch einen Riemen der Antrieb der Transmission, an der die Maschinen der Werkstatt hängen. Vielfach wird auch das Schwungrad als Riemscheibe benutzt. An Stelle von Riemscheibe und Riemen benutzt man auch Seilscheibe und Seile.

In Abb. 24 ist eine doppeltwirkende Dampfmaschine dargestellt; bei dieser tritt der Dampf abwechselnd auf der vorderen und hinteren Seite des Zylinders ein. Der Dampf drückt also abwechselnd auf beiden Seiten des Kolbens. Drückt der Dampf immer nur auf eine Seite des Kolbens, so nennt man die Maschine einfachwirkend. Bei der einfachwirkenden Dampfmaschine erfolgt der Rückgang des Kolbens durch die lebendige Kraft des Schwungrades.

## c) Steuerung der Dampfmaschine.

Um den Kolben der Dampfmaschine hin und her zu bewegen, muß der Dampf abwechselnd in den Zylinder ein= und ausgelassen werden. Dies geschieht durch die Steuerung. Man unterscheidet: Schiebersteuerungen, Ventilsteuerungen und Hahnsteuerungen.

**1. Die Schiebersteuerung.** Die in Abb. 24 dargestellte Dampfmaschine hat eine Schiebersteuerung. Sie besteht aus dem Schieber *N*, der Schieberstange *O*, der Exzenterstange *P* und dem Exzenter *Q*. Der Schieber gleitet auf dem Schieberspiegel. Schieberspiegel und Schiebergleitfläche sind sauber aufeinander eingeschliffen, so daß der Schieber die Kanäle $a_1$ und $a_2$ dampfdicht abschließen kann. Dreht sich nun die Kurbelwelle, so dreht sich mit ihr das Exzenter. Dieses hat einen bestimmten Hub. Es wird sich also der Schieber mit Hilfe der Exzenter= und Schieberstange hin und her bewegen. Dadurch wird abwechselnd der Kanal $a_1$ und $a_2$ geöffnet oder geschlossen. Der Dampf kann also abwechselnd auf der linken oder rechten Zylinderseite ein= oder ausströmen.

In Abb. 24 z. B. steht der Kolben ungefähr in der Mitte des Zylinders. Der Schieber hat den Kanal $a_1$ geöffnet, und der Dampf strömt auf der linken Zylinder=seite ein. Der auf der rechten Zylinderseite befindliche Dampf tritt durch den Kanal $a_2$ in die Höhlung des Schiebers und strömt durch den Ausströmkanal *b* ins Freie.

Ist der Kolben am rechten Ende des Zylinders angelangt, so hat sich der Schieber nach links bewegt. Damit hat er den Kanal $a_2$ geöffnet, durch den nun der Dampf auf der rechten Zylinderseite eintritt. Gleichzeitig hat der Schieber den Kanal $a_1$ mit dem Ausströmkanal *b* in Verbindung gebracht. Der Dampf auf der linken Zylinderseite kann dadurch ausströmen. So wiederholt sich das Gegenspiel des Schiebers mit dem Kolben immer wieder. Der Schieber regelt also das Ein= und Aus=strömen des Dampfes; er steuert den Dampf. Bei den ersten Dampfmaschinen er=folgte die Steuerung von Hand durch einen Arbeiter. Erst später kam man auf den Gedanken, dies durch die Maschine selbst ausführen zu lassen.

**2. Die Ventilſteuerung.** Bei der Ventilſteuerung wird das Ein= und Ausſtrömen des Dampfes durch Öffnen und Schließen von Ventilen herbeigeführt. Abb. 25 zeigt den Schnitt durch einen Dampfzylinder mit Ventilſteuerung. Bei der doppeltwirkenden Dampfmaſchine ſind 4 Ventile erforder= lich und zwar 2 für die Einſtrömung und 2 für die Aus= ſtrömung. Die Einſtrömventile ſitzen oben auf dem Zylinder, während ſich die Ausſtrömventile auf der unteren Seite des Zylinders befinden. Das Öffnen und Schließen der Ventile geſchieht durch Heben und Senken derſelben. Dies erfolgt mit Hilfe eines Geſtänges, welches von einer Welle betätigt wird. Die Welle liegt gewöhnlich ſeitlich am Zylinder. Man nennt ſie Steuer= welle. Ihr Antrieb erfolgt von der Kur= belwelle aus.

**3. Die Hahn= ſteuerung.** Bei dieſer Steuerung wendet man ſtatt der Ventile Hähne für die Steue= rung des Dampfes an. Die Hähne wer= den abwechſelnd geöffnet und geſchloſſen.

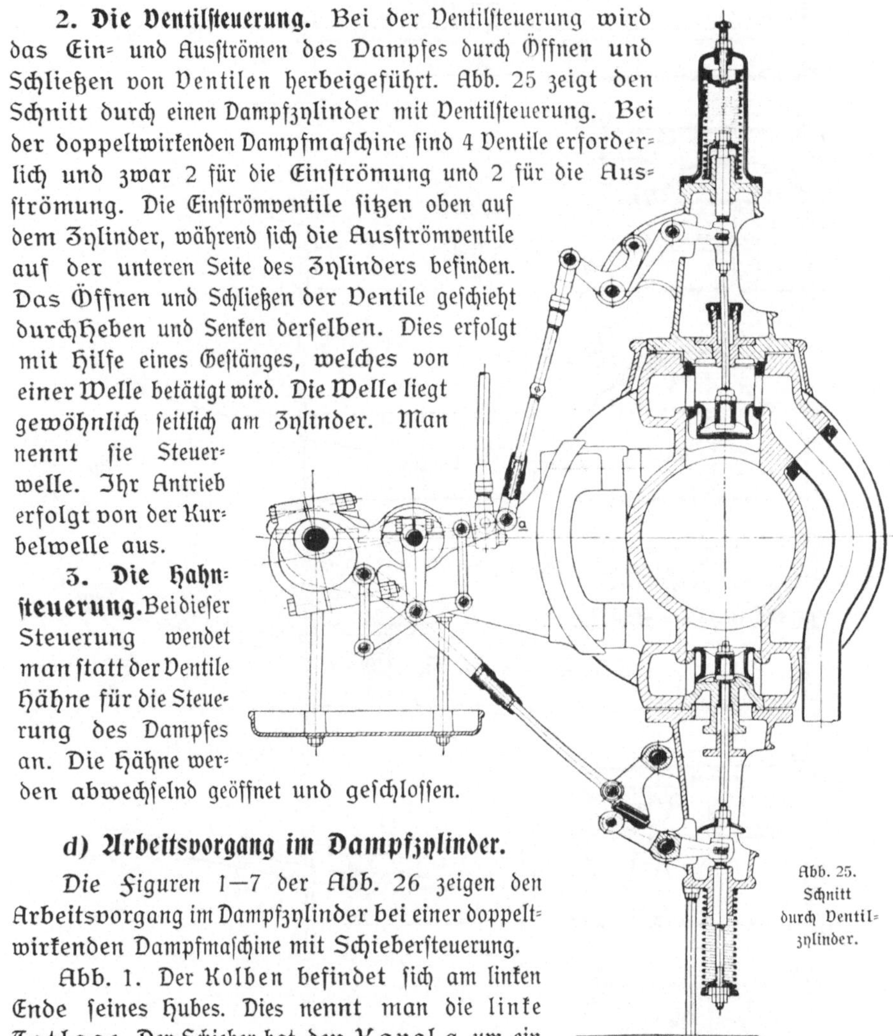



Abb. 25.
Schnitt
durch Ventil=
zylinder.

## d) Arbeitsvorgang im Dampfzylinder.

Die Figuren 1—7 der Abb. 26 zeigen den Arbeitsvorgang im Dampfzylinder bei einer doppelt= wirkenden Dampfmaſchine mit Schieberſteuerung.

Abb. 1. Der Kolben befindet ſich am linken Ende ſeines Hubes. Dies nennt man die linke Totlage. Der Schieber hat den Kanal $a_1$ um ein kleines Stück geöffnet. Es findet alſo auf der linken Zylinderſeite Einſtrömen des Dampfes ſtatt. Der Schieber hat ferner den Kanal $a_2$ ſo geöffnet, daß der Dampf auf der rechten Zylinderſeite ausſtrömen kann.

Das Exzenter $E$ hat ſich bei dieſer Kolbenſtellung um den Winkel $d$ aus ſeiner Mittellage gedreht. Es eilt alſo der Kurbel $K$ um den Winkel $90^0 + d^0$ voraus. Dieſen Winkel nennt man Voreilwinkel.

Abb. 2. Der Kolben hat ſich unter dem Druck des einſtrömenden Dampfes nach rechts bewegt, während der Schieber den Kanal $a_1$ ganz geöffnet hat. Das Ex= zenter befindet ſich in ſeiner äußerſten Lage rechts und ſomit auch der Schieber.

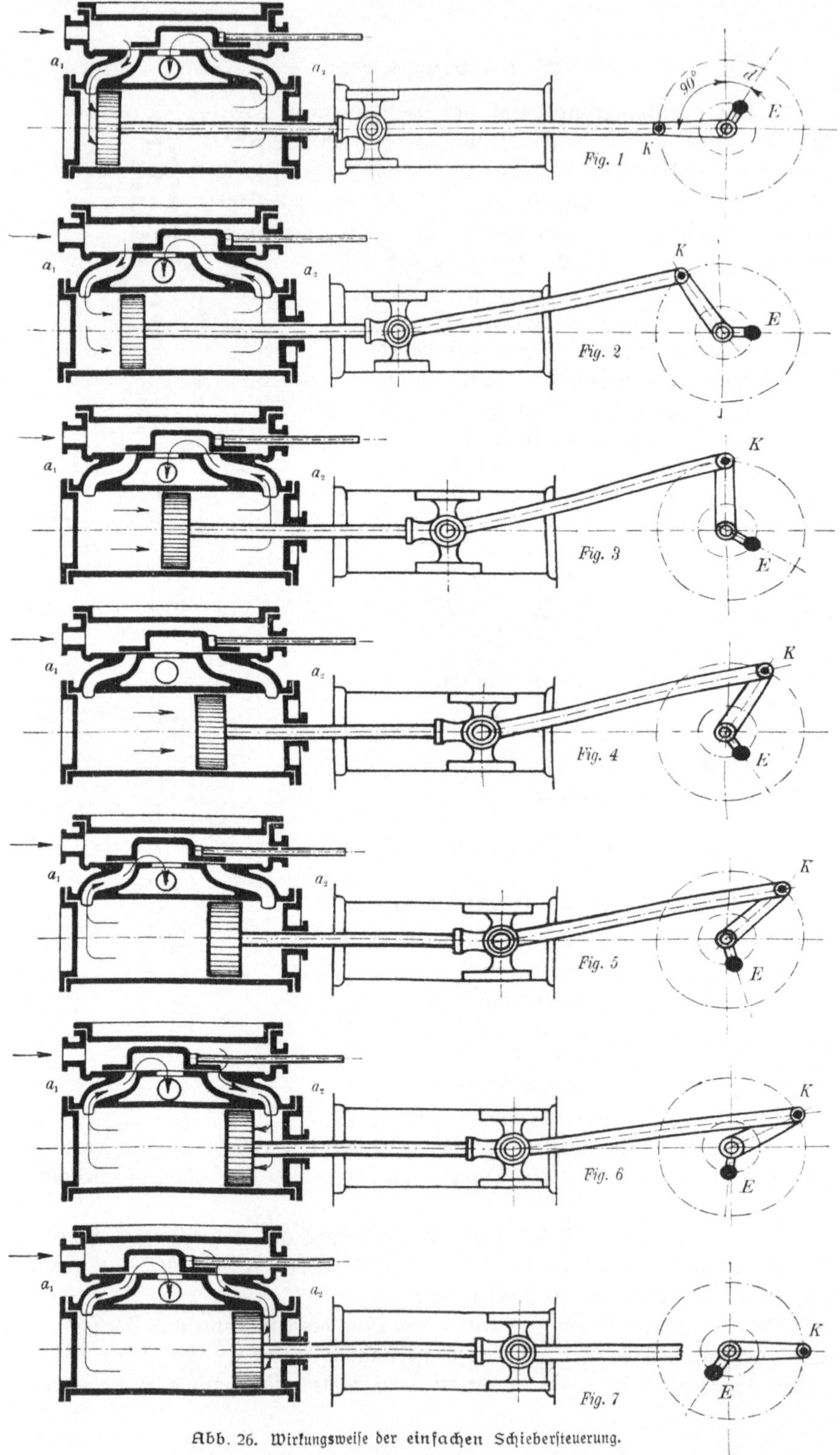


Abb. 26. Wirkungsweise der einfachen Schiebersteuerung.

Der Kanal $a_2$ iſt ebenfalls ganz geöffnet. Auf der rechten Zylinderſeite findet Aus= ſtrömen ſtatt.

Abb. 3. Der Kolben hat ſich weiter nach rechts bewegt. Inzwiſchen iſt der Schieber nach links gegangen und hat den Kanal $a_1$ geſchloſſen. Das Einſtrömen des Dampfes auf der linken Zylinderſeite hört auf. Man nennt dies das Ende der Füllung. Es beginnt die Expanſion oder Ausdehnung des Dampfes. Dabei wird der Kolben weiter nach rechts gedrückt, indem der Druck des Dampfes hierbei allmählich abnimmt. Auf der rechten Zylinderſeite ſtrömt der Dampf durch den Kanal $a_2$ noch aus.

Abb. 4. Der Kolben iſt weiter nach rechts gegangen, während der Schieber ſich weiter nach links bewegt hat. Dadurch hat der Schieber den Kanal $a_2$ geſchloſſen. Der Dampf auf der rechten Zylinderſeite kann nicht mehr ausſtrömen, er wird zu= ſammengedrückt. Dies nennt man Verdichtung oder Kompreſſion.

Abb. 5. Der Kolben hat ſich weiter nach rechts, und der Schieber hat ſich weiter nach links bewegt. Der Schieber öffnet den Kanal $a_1$, ſo daß der Dampf auf der linken Zylinderſeite ausſtrömen kann. Das Ausſtrömen links beginnt alſo, bevor der Kolben in ſeiner rechten Totlage angelangt iſt. Man nennt dies das Voraus= ſtrömen.

Abb. 6. Der Kolben befindet ſich kurz vor der rechten Totlage. Der Schieber öffnet jetzt ſchon den Kanal $a_2$, ſo daß friſcher Dampf auf der rechten Zylinderſeite einſtrömen kann. Dies nennt man Voreinſtrömen. Durch den Kanal $a_1$ ſtrömt der Dampf weiter aus.

Abb. 7. Der Kolben iſt am rechten Ende ſeines Hubes angelangt. Er befindet ſich in ſeiner rechten Totlage. Der Schieber hat den Kanal $a_2$ bereits um ein Stück geöffnet. Der Dampf ſtrömt auf der rechten Zylinderſeite ein und drückt den Kolben nach links. Durch den Kanal $a_1$ findet Ausſtrömen ſtatt.

Bei der Bewegung des Kolbens nach links wiederholt ſich nun derſelbe Vorgang.

In den Figuren 1—7 der Abb. 27 iſt der Arbeitsvorgang im Dampfzylinder bei einer doppeltwirkenden Dampfmaſchine mit Ventilſteuerung ſchematiſch dar= geſtellt.

Abb. 1. Der Kolben befindet ſich in ſeiner linken Totlage. Das linke Ein= ſtrömventil iſt teilweiſe geöffnet. Der Dampf ſtrömt auf der linken Zylinder= ſeite ein. Das rechte Ausſtrömventil iſt geöffnet, ſo daß der Dampf auf der rechten Zylinderſeite ausſtrömen kann.

Abb. 2. Der Kolben hat ſich durch den Druck des einſtrömenden Dampfes nach rechts bewegt. Das Einſtrömventil links iſt ganz geöffnet. Auf der rechten Zylinderſeite findet noch Ausſtrömen ſtatt.

Abb. 3. Der Kolben iſt weiter nach rechts gegangen. Das linke Einſtrömventil hat ſich inzwiſchen geſchloſſen. Der Dampf kann nicht mehr einſtrömen. Wir haben das Ende der Füllung und den Beginn der Expanſion links. Das Ausſtröm= ventil rechts iſt noch geöffnet.

Abb. 4. Der Kolben hat ſich unter dem Druck des expandierenden Dampfes weiter nach rechts bewegt. Inzwiſchen hat ſich das rechte Ausſtrömventil geſchloſſen. Der Dampf auf der rechten Zylinderſeite kann nicht mehr ausſtrömen. Er wird zu=

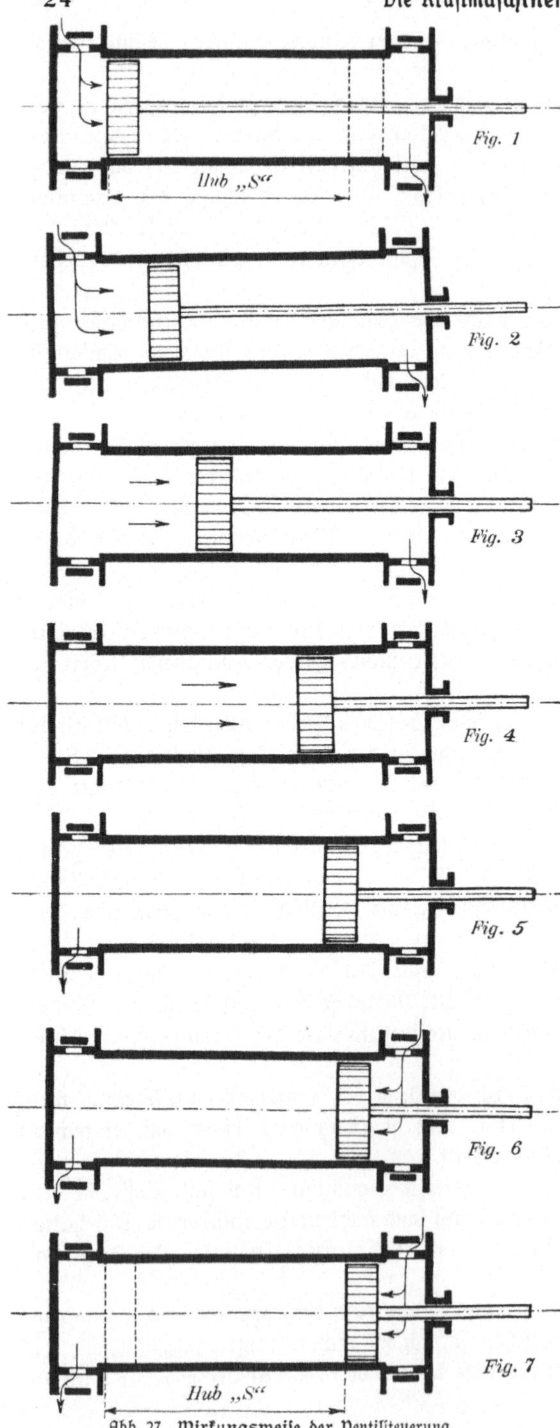



Abb. 27. Wirkungsweise der Ventilsteuerung.

sammengedrückt. Wir haben Beginn der Kompression rechts.

Abb. 5. Der Kolben ist weiter nach rechts gegangen. Das linke Ausströmventil hat sich geöffnet, so daß der Dampf auf der linken Zylinderseite ausströmen kann. Wir haben Beginn der Vorausströmung links.

Abb. 6. Der Kolben befindet sich kurz vor seiner rechten Totlage. Das rechte Einströmventil beginnt sich zu öffnen. Der Dampf kann auf der rechten Zylinderseite einströmen. Das ist der Beginn der Voreinströmung rechts. Auf der linken Zylinderseite findet Ausströmen statt.

Abb. 7. Der Kolben ist in seiner rechten Totlage angelangt. Das rechte Einströmventil ist teilweise geöffnet. Der Dampf strömt auf der rechten Zylinderseite ein und bewegt den Kolben nach links. Durch das linke Ausströmventil strömt der Dampf auf der linken Zylinderseite aus.

Bei der Bewegung des Kolbens nach links wiederholt sich dasselbe Spiel.

### e) Das Dampfdiagramm.

Beim Arbeiten im Zylinder ändert der Dampf seine Spannung. Es entstehen Druckschwankungen. Diese lassen sich durch eine Aufzeichnung festlegen, und man erhält damit ein zeichnerisches Bild für den Arbeitsvorgang. Die Aufzeichnung nennt man das Dampfdiagramm (Abb. 28). Zur Erklärung diene folgendes:

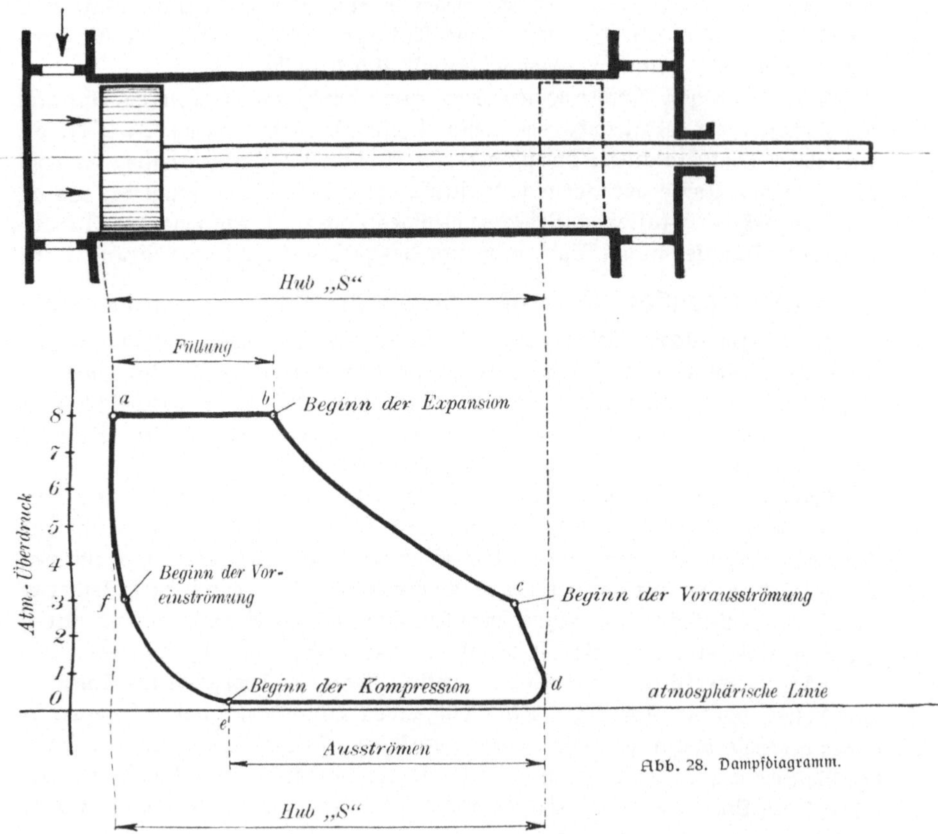



Abb. 28. Dampfdiagramm.

Auf einer senkrechten Linie ist der Druck in Atm. aufgetragen. Der Dampf strömt z. B. mit 8 Atm. in den Zylinder ein. Unter diesem Druck bewegt sich der Kolben, der sich in seiner linken Totlage befindet, nach rechts. Solange der Dampf einströmt, bleibt der Druck in gleicher Höhe. Es ergibt sich also die Linie a—b. Bei b hört das Einströmen auf. Wir haben Ende der Füllung oder Beginn der Expansion. Der Dampf will sich nun ausdehnen und drückt den Kolben weiter nach rechts. Hier= bei fällt seine Spannung, was durch die Linie b—c angedeutet ist. Bei c öffnet sich der Auslaß. Es beginnt die Vorausströmung. Der Dampfdruck fällt schneller. Dies zeigt die Linie c—d an. Bei d befindet sich der Kolben in seiner rechten Totlage. Jetzt bewegt sich der Kolben nach links und drückt den Dampf durch den offenen Auslaß ins Freie. Dies ergibt die Linie d—e. Der Dampfdruck im Zylinder be= trägt während der Ausströmung etwa 0,2 Atm., da der atmosphärische Luftdruck überwunden werden muß. Die Linie d—e liegt also dicht über der atmosphärischen Linie. Bei e schließt sich die Ausströmung. Es beginnt die Kompression. Dabei steigt der Dampfdruck allmählich. Es entsteht die Linie e—f. Bei f, kurz vor dem Totpunkt, öffnet sich die Einströmung. Wir haben also Voreinströmung. Der Druck des Dampfes steigt dadurch sehr schnell und erreicht wieder 8 Atm. Dies ist durch die Linie $f$—$a$ angedeutet. Der Kolben ist in seiner linken Totlage angelangt und hat somit einen Hin= und Hergang gemacht. Dann wiederholt sich derselbe Vorgang.

Einen derartigen Linienzug kann man auch durch einen besonderen Apparat am Dampfzylinder selbst aufzeichnen lassen. Diesen Apparat nennt man Indikator. Das von ihm aufgezeichnete Dampfdiagramm ist das Indikatordiagramm. Es zeigt also, in welcher Weise der Dampf in der Maschine arbeitet. Man benutzt es, um die Steuerung richtig einzustellen. Außerdem dient es noch zur Ermittelung der Arbeits= leistung des Dampfes in der Maschine, die man deshalb die indizierte Leistung nennt.

## f) Zweck der Expansion, Kompression, Vorausströmung und Voreinströmung.

**1. Die Expansion.** Dehnt man die Füllung über den ganzen Kolbenhub aus, so erhält der Kolben auf seinem ganzen Wege den vollen Druck. Am Ende des Kolbenhubes muß der Dampf aus dem Zylinder ausströmen. Er entweicht dann mit dem Druck ins Freie, mit dem er in den Zylinder eingetreten ist. Dadurch geht ein großer Teil der im Dampf enthaltenen Arbeit verloren.

Durch die Expansion wird dies verhindert. Man sperrt den Dampfeintritt zum Zylinder schon ab, wenn der Kolben erst einen Teil seines Hubes zurückgelegt hat. Der nun im Zylinder eingeschlossene Dampf drückt den Kolben weiter vor sich her. Dabei dehnt er sich aus, er expandiert. Obwohl sein Druck dabei sinkt, leistet er Arbeit. Beim Ausströmen verläßt er dann den Zylinder mit einem bedeutend niedri= geren Druck, als er eingetreten ist, so daß er auch besser ausgenützt worden ist.

**2. Die Kompression.** Durch die Kompression steigt der Dampfdruck im Zylinder. Der Kolben bewegt sich gegen einen wachsenden Widerstand. Dadurch wird er etwas gebremst, bevor er seine Bewegung umkehrt. Dies ist für den ruhigen Gang der Maschine von Vorteil. Ferner wird durch die Kompression der Dampf allmäh= lich auf den Druck des frisch einströmenden Dampfes gebracht. Dadurch wird an Frischdampf gespart.

**3. Die Vorausströmung.** Durch die Vorausströmung soll der Dampf Zeit ge= winnen, seinen Druck auf den Ausströmdruck zu verringern.

**4. Die Voreinströmung.** Der Dampf braucht beim Einströmen eine gewisse Zeit, bis er den Raum zwischen Kolben und Deckel ausgefüllt hat. Diese Zeit gibt ihm die Voreinströmung. Im Totpunkt ist daher der volle Dampfdruck im Zylinder wieder erreicht.

## g) Schwungrad und Regulator.

Wie eben gezeigt worden ist, erhält der Kolben auf seinem Weg nicht immer den gleichen Dampfdruck. Auch folgt die Kurbel dem Kolbendruck in der Nähe der Totlagen nicht so willig, wie etwa auf halbem Wege. Jede Dampfmaschine zuckt deshalb etwas. Dies Zucken vermindert man durch das Schwungrad. Die schwere Masse seines Kranzes will gleichförmig umlaufen und widersetzt sich dem Zucken um so besser, je schwerer sie ist. So hilft sie der Maschine nicht nur über die Tot= lagen hinweg, sondern sie macht ihren Lauf auch gleichförmiger. Je ruhiger der Lauf sein soll, desto schwerer muß das Schwungrad sein.

Eine andere Aufgabe hat der Regulator. Die Arbeitsmenge, die von einer

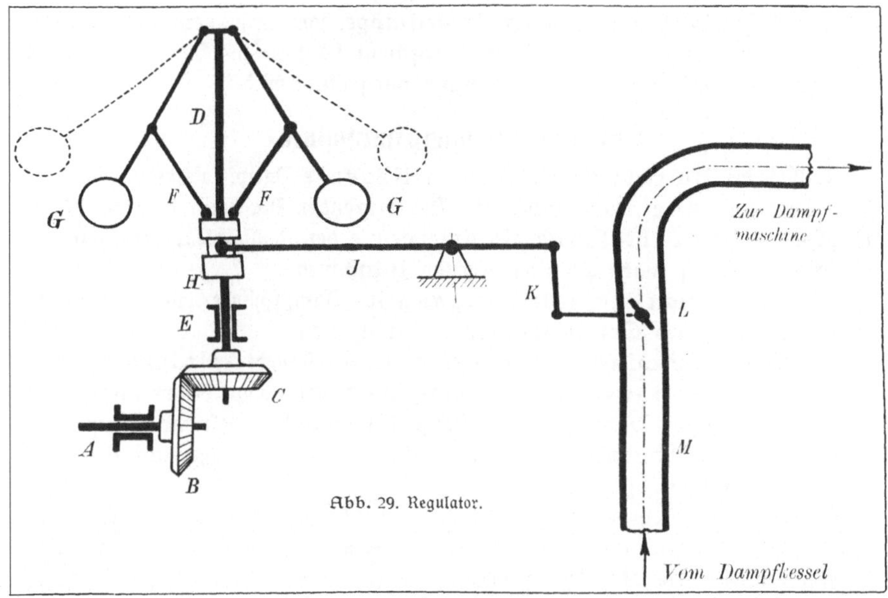



Abb. 29. Regulator.

Dampfmaſchine geleiſtet werden ſoll, bleibt ſich nicht immer gleich, z. B. infolge des Ein= oder Ausſchaltens von Werkzeugmaſchinen. Wird nun der Arbeitsbedarf geringer, ſo treibt der Dampf die Maſchine, weil er weniger Widerſtand findet, zu ſchnellerer Gangart. Bei wachſendem Arbeitsbedarf fängt die Maſchine an, lang= ſamer zu laufen, weil der Dampf dem größeren Widerſtand nicht mehr gewachſen iſt. Will man im erſten Fall ein Durchgehen der Maſchine vermeiden, ſo muß man dafür ſorgen, daß weniger Dampf in den Zylinder gelangt; im zweiten Fall ver= hindert man ein Stillſtehen durch verſtärkte Dampfzufuhr. Dieſe Veränderung der Dampfmenge bewirkt nun der Regulator. In Abb. 29 iſt eine für kleine Maſchinen noch gebrauchte Art der Regulierung ſchematiſch dargeſtellt. Sie wirkt folgendermaßen:

Die Welle _A_ wird von der Kurbelwelle aus angetrieben. Sie überträgt die Drehung durch die beiden Kegelräder _B_ und _C_ auf die Welle _D_, welche die Kugeln _G_ mit herumnimmt. Bei dieſer Drehung haben die Kugeln das Beſtreben, nach außen zu fliegen. Sie äußern eine Flieh= oder Zentrifugalkraft. Daher heißt der Regulator auch Zentrifugalregulator. Bewegen ſich die Kugeln nach außen, ſo heben ſie mit Hilfe des Geſtänges den Führungsring _H_ in die Höhe. An dieſem greift der Hebel _J_ an. Er wird alſo auch gehoben und überträgt ſeine Bewegung durch eine Zwiſchen= ſtange _K_ auf die Droſſelklappe _L_. Die Droſſelklappe dreht ſich und verkleinert den Querſchnitt des Dampfzuleitungsrohres _M_. Es wird alſo weniger Dampf zur Dampf= maſchine gelangen. So wird ſie am Durchgehen gehindert.

Im umgekehrten Falle vergrößert die Droſſelklappe den Rohrquerſchnitt. Es ſtrömt dann mehr Dampf zum Zylinder, der ſie vor dem Stillſtehen bewahrt. Dieſe Art der Regulierung iſt jedoch ziemlich roh. Die gebräuchlichen Regulatoren, die zwar auch alle die Fliehkraft von Schwunggewichten ausnutzen, arbeiten feiner und ruhiger. Auch betätigen sie nicht eine Drosselklappe, sondern sie verstellen das Gestänge der Einlaßsteuerung so, daß bei zu raschem Lauf der Maschine die Füllung verkleinert, bei zu langsamem Lauf dagegen vergrößert wird.

## h) Arten der Dampfmaschinen.

1. Nach der Bauart unterscheidet man liegende Dampfmaschinen (Abb. 24 S. 19) und stehende Dampfmaschinen. Die liegenden Maschinen sind leicht zugänglich, insbesondere bei Reparaturen, Erneuerung der Stopfbüchsenpackungen usw. Sie erfordern jedoch mehr Platz als stehende Maschinen.

2. Betrachtet man den Arbeitsvorgang im Dampfzylinder, so unterscheidet man Volldruck- und Expansionsdampfmaschinen.

Die Volldruckmaschinen werden wenig gebaut, weil sie nicht wirtschaftlich arbeiten.

Bei den Expansionsdampfmaschinen wird der Dampf besser ausgenützt Es geht hier weniger Dampf verloren. Deshalb werden heute fast nur Expansionsmaschinen gebaut. Um den Dampf noch besser auszunützen, läßt man ihn nacheinander in mehreren Zylindern arbeiten. Man erhält dann z. B. eine zweifache oder auch dreifache Expansionsmaschine.

Abb. 30 zeigt die Anordnung einer zweifachen Expansionsmaschine. Sie hat 2 Zylinder, einen Hochdruck- und einen Niederdruckzylinder. Jeder Zylinder besitzt eine Steuerung. Der Dampf tritt in den Hochdruckzylinder ein und leistet Arbeit. Hierbei expandiert er jedoch nur soweit, daß er noch einen ziemlich hohen Druck hat. Aus dem Hochdruckzylinder gelangt er nicht ins Freie, sondern in einen Zwischenbehälter A. Aus diesem tritt er in den Niederdruckzylinder ein und verrichtet infolge seiner weiteren Expansion hier nochmals Arbeit. Dann gelangt er erst ins Freie.

Die beiden Kolben arbeiten auf je ein Kurbelgetriebe. Die Kurbeln sind um 90° gegeneinander versetzt. Eine Maschine nach Abb. 30 nennt man auch Verbundmaschine.

Abb. 31 zeigt eine zweifache Expansions-

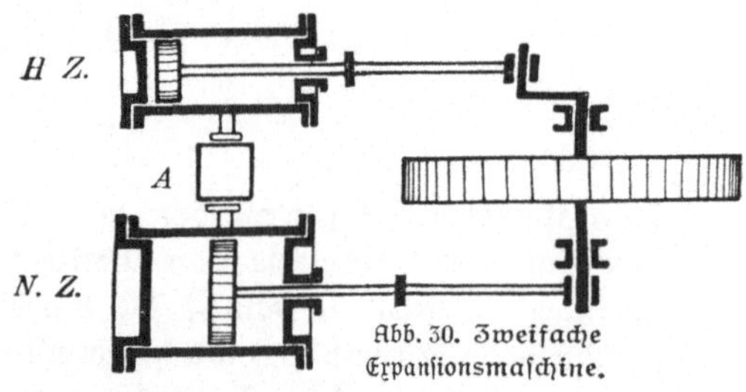


Abb. 30. Zweifache Expansionsmaschine.

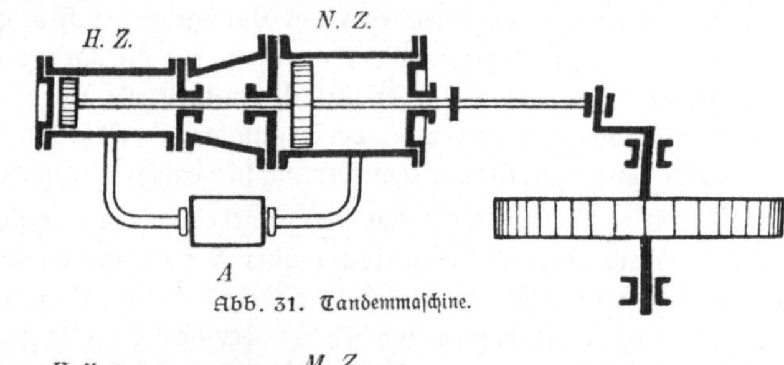


Abb. 31. Tandemmaschine.

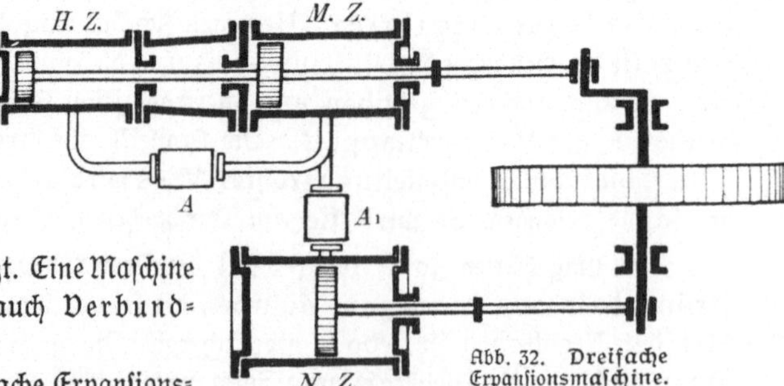


Abb. 32. Dreifache Expansionsmaschine.

Abb. 33. Einzylinder=
Schiebermaſchine.

maſchine mit hintereinanderliegenden Zylindern.
Eine ſolche Maſchine heißt auch Tandem=
maſchine.

Abb. 32 zeigt eine dreifache Expanſionsmaſchine.
Der Dampf arbeitet hier zunächſt
im Hochdruckzylinder. Aus dieſem
gelangt er in den Zwiſchenbe=
hälter A. Dann ſtrömt er in den
Mitteldruckzylinder, arbeitet auch
dort, und aus dieſem gelangt er in
den Zwiſchenbehälter $A_1$. Von dort
gelangt er dann in den Nieder=
druckzylinder, wo er ebenfalls noch

Arbeit leiſtet, und von da ſchließlich ins Freie. Hoch= und Mitteldruckzylinder haben
Tandemanordnung.

Die Größe der
einzelnen Zylinder
iſt ſo gewählt, daß
der Druck auf die drei
Kolben gleich groß
iſt. Es wird alſo der
Hochdruckzylinder
den kleinſten und der
Niederdruckzylinder
den größten Durch=
meſſer haben.

Die Expanſions=
maſchinen ſind nicht zu verwechſeln mit ſog. Zwillings= oder Drillingsmaſchinen.

Abb. 34.
Einzylinder=Ventilmaſchine.

Hier arbeitet der Dampf
getrennt in zwei oder
drei gleich großen Zy=
lindern. Dieſe ſind nur
zuſammengebaut, da=
mit ſie an einer gemein=
ſamen Kurbelwelle an=
greifen (Lokomotiven).
Die Kurbeln ſind gegen=
einander verſetzt. Da=
durch wird der Gang
der Maſchine ruhiger
und gleichmäßiger

3. In bezug auf den
Abdampf unterſchei=
det man noch Auspuff=

Abb. 35. Tandem=Ventilmaſchine.

Abb. 36.  Verbund-Schiebermaschine.

und Kondensations=
dampfmaschinen. Bei
der bisher besprochenen
Dampfmaschine war im=
mer angenommen, daß
der Dampf, nachdem er im
Zylinder Arbeit verrichtet
hätte, ins Freie auspuffe,
die Maschine also eine
Auspuffmaschine sei.

Bei einer solchen Ma=
schine hat der auspuffende
Dampf natürlich einen
etwas höheren Druck als
die Außenluft, sonst könnte
er ja nicht dahin über=
treten. Viel leichter würde es der Kolben nun beim Ausstoßen des Dampfes haben,
wenn er diesen in einen luftleeren Raum statt in die freie Atmosphäre hinausdrücken
müßte. Dies ist der Fall bei der Kondensationsmaschine. Hier drückt man den
Abdampf nicht ins Freie, sondern in ein besonderes Gefäß, das man fast luftleer
gepumpt hat. In diesem Gefäß wird der eintretende Dampf durch eingespritztes
Wasser abgekühlt. Dadurch verwandelt er sich in Wasser und nimmt nur einen
ganz geringen Raum ein. Man braucht jetzt nur das Wasser und etwa einge=
drungene Luft durch eine Luftpumpe fortzupumpen. Das Gefäß bleibt dann be=
ständig fast luftleer, obwohl doch fortwährend von der Maschine sehr viel Dampf
hereinströmt. Man nennt das Gefäß, weil der Dampf darin niederschlägt oder kon=
densiert, den Kondensator.

Dampfmaschinen, bei denen der Abdampf in einen Kondensator geleitet wird,
bezeichnet man als Kondensationsdampfmaschinen. Sie leisten bei gleichem
Dampfverbrauch etwa 20—30% mehr als Auspuffmaschinen, trotzdem sie die
Luftpumpe zur Entleerung des Kondensators antreiben müssen.

Abb. 33—36 zeigen einige kleinere Dampfmaschinen.

## i) Wartung der Dampfmaschine.

Die Dampfmaschine ist zwar nicht sehr empfindlich gegen rauhe Behandlung
(vgl. Lokomotive, Dampfwinde, Lokomobile). Doch erhöht sorgsame Wartung ihre
Lebensdauer und Betriebssicherheit. Größere Maschinen werden von mehreren
Maschinisten bedient. Maschinen und Maschinenhaus sind peinlich sauber zu halten.
Schmutz, Staub und Sand wirken in Lagern und Laufstellen wie Schmirgel. Herum=
liegende Teile wie Schraubenschlüssel, Putzwolle u. dgl. geraten durch Unachtsamkeit
leicht in das Gestänge oder andere bewegte Teile und können dort zu Betriebs=
störungen führen.

Vor dem Anlassen ist der Dampfzylinder gründlich (oft stundenlang) zu heizen
zur Vermeidung des Wasserschlages beim Anlaufen. An kalten Zylinderwan=

dungen kondensiert nämlich der Frischdampf bei der Füllung und Expansion so stark, daß das gebildete Wasser beim Auspuff zuweilen nicht aus dem Zylinder heraus kann. Bei der Kompression stößt der Kolben dann statt auf ein Dampf= polster auf unnachgiebiges Wasser, während das Schwungrad die Kurbel weiter zum Totpunkte treibt. Da der Kolben nicht nachfolgen kann, so ist ein Maschinen= bruch (Kurbellager, Zylinderdeckel, Kolben) oder mindestens starke Verbiegung des Gestänges die Folge. Da Wasser im Zylinder die Ursache war, spricht man dann vom Wasserschlag.

Die Heizung erfolgt durch Frischdampf, der durch besondere Heizventile und durch Anlüften des Absperrventils in den Zylinder und einen Hohlraum, der diesen umgibt, den sog. Zylindermantel, gelassen wird. — Bei der Vorwärmung steht die Kurbel zweckmäßig in Totlage, damit die Maschine nicht vorzeitig anspringt.

Zum Anlassen wird die Kurbel dann (mit Hilfe einer Andrehvorrichtung am Schwungrad) auf etwa $30^0$ hinter Totlage gebracht und das Absperrventil ge= öffnet, nachdem alle Schmiervorrichtungen in Tätigkeit gesetzt sind. Hierbei sind die Wasserablaßhähne, die sich an jeder Zylinderseite befinden, noch offen. (Vgl. die Lokomotive beim Anfahren.) Sie werden erst nach mehreren Touren geschlossen.

Während des Betriebes sind alle Lagerstellen zu überwachen, damit ein Warm= laufen derselben rechtzeitig erkannt und durch reichliche Ölzufuhr verhindert werden kann. Ausreichende Schmierung ist überhaupt von großer Bedeutung. Doch darf darin auch der erheblichen Ölkosten wegen nicht zu viel geschehen. Zur Schmierung der laufenden Teile im Zylinder (Kolben, Schieber, Kolbenstange) drückt eine Schmierpresse dickflüssiges Mineralöl (sog. Zylinderöl) am Zylinder tropfenweise in den Strom des Frischdampfes, der die Tropfen fein zerstäubt und an alle gleiten= den Flächen bringt. Daher ist der Auspuffdampf immer ölig.

Besondere Geräusche beim Lauf der Maschine, wie Brummen, Klopfen, Pfeifen u. dgl., deuten immer auf eine Unregelmäßigkeit, Fehler in der Arbeitsweise u. dgl. hin, weshalb der Maschinist besonders darauf achtet.

Manometer, Vakuummeter, Geschwindigkeitsmesser geben ihm Aufschluß über das Arbeiten der Maschine.

Zum Stillsetzen wird das Absperrventil geschlossen. Dann werden die Ablaß= hähne geöffnet und die Schmierung außer Tätigkeit gesetzt.

Steht die Maschine, so wird sie, soweit es während des Ganges nicht möglich war, von Ölspritzern gereinigt.

Im Winter ist besonders bei längeren Betriebspausen (Weihnachtsfeiertage) Vor= sorge zu treffen, daß die Abwässerleitungen, Kondenstöpfe nicht einfrieren können.


# 4. Die Dampfturbine.

### a) Beschreibung und Wirkungsweise.

In der Dampfmaschine drückt der im Zylinder eingeschlossene Dampf, der sich dabei fast in Ruhe befindet, den Kolben nur durch seine Spannkraft hin und her und bringt dadurch die Bewegung hervor. Bei der Dampfturbine läßt man einen oder mehrere Dampfstrahlen auf die Schaufeln eines Rades strömen, so daß dieses in eine drehende Bewegung versetzt wird.

In ähnlicher Weise wie die Dampfturbine arbeiten z. B die Windrädchen aus Papier oder aus bunten Federn, welche die Kinder durch den Luftstrom, den sie dagegen blasen, in rasche Umdrehung versetzen. Natürlich ist der Unterschied zwischen solchem Spielzeug und der Dampfturbine ein gewaltiger. Handelt es sich doch bei diesen um die stärksten Maschinen, die der Mensch jemals gebaut hat. Die Düsen oder Leitapparate, durch welche der Dampfstrahl geformt wird, die Schaufeln des Laufrades, das Rad selbst und alle weiteren Teile werden außerdem natürlich genau berechnet und hergestellt.

Bei der Dampfturbine Abb. 37 tritt der Dampf mit großer Geschwindigkeit aus den Düsen auf die Schaufeln. Die Folge davon ist, daß sich das Schaufelrad sehr schnell dreht. Es macht etwa 10000 — 30000 Umdrehungen in der Minute. Diese hohe Umdrehungszahl ist für andere Maschinen nicht zu gebrauchen. Man muß sie durch Zahnrädervorgelege auf etwa 1000 — 3000 Umdrehungen in der Minute verringern. In dem Zahnrädervorgelege geht jedoch viel Arbeit durch Reibung verloren. Man baut deshalb heute Turbinen mit mehreren Schaufelrädern und läßt den Dampf nacheinander auf die einzelnen Schaufelkränze wirken. Dadurch wird in jedem Schaufelkranz nur ein Teil der Geschwindigkeit des Dampfes ausgenutzt. Die Tourenzahl der Turbine sinkt auf etwa 2000 — 3000 Umdrehungen in der Minute. Mit dieser Tourenzahl läßt sich die Turbine schon in vielen Fällen ohne Rädervorgelege verwenden. Abb. 40 zeigt das Äußere einer solchen Dampfturbine, wie sie von der Maschinenbauanstalt Humboldt (Köln-Kalk) gebaut wird; sie ist mit einer Dynamomaschine gekuppelt. In Abb. 38 und 39 sind zwei weitere Ausführungen von Dampfturbinen dargestellt.

### b) Anwendung, Vorteile und Nachteile.

Die Dampfturbine findet in der Hauptsache Anwendung zum Antrieb von Maschinen mit hoher Tourenzahl, z. B. Dynamomaschinen, Zentrifugalpumpen, Kompressoren, Ventilatoren usw. Meist wird

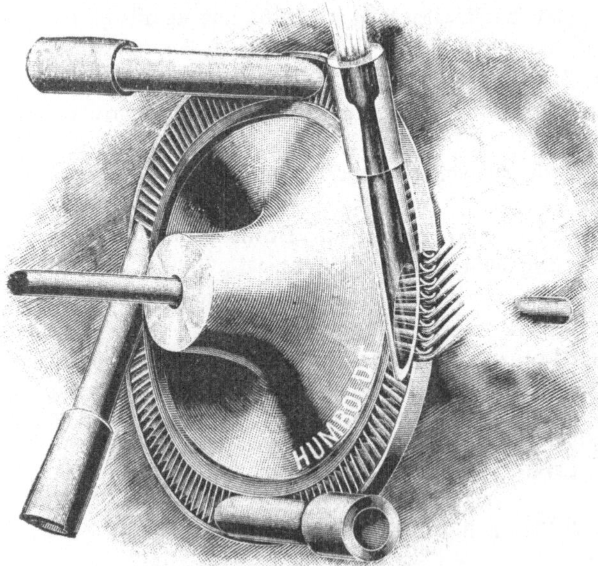


Abb. 37. Wirkungsweise der Dampfturbine.

Abb. 38. Dampfturbine gekuppelt mit Ventilator.

Abb. 39. Dampfturbine gekuppelt mit Zentrifugalpumpe.

Abb. 40. Dampfturbine gekuppelt mit Dynamo.

sie mit diesen Maschinen direkt gekuppelt.

Die Vorteile der Dampfturbine im Vergleich zur Dampfmaschine sind folgende:

1. Die Dampfmaschine hat, besonders durch das Kurbelgetriebe, viele Lager= und Gelenkstellen. An diesen Stellen entsteht Reibung, wodurch viel Arbeit verlorengeht. Die Dampfturbine hat kein Kurbelgetriebe und somit weniger Reibungsstellen. Die Reibungsverluste sind also bei der Turbine kleiner.

2. Da die Dampfturbine weniger Reibungsstellen hat, braucht sie auch weniger Schmierung, Wartung und Bedienung.

3. Die Dampfmaschine hat viele Dichtungsstellen (Kolben, Stopfbüchsen, Ventile, Schieber usw.). Diese werden leicht undicht, wodurch Dampfverluste entstehen. Die Turbine hat weniger Dichtungsstellen und ist hierdurch im Vorteil.

4. Ein weiterer Vorteil ist der geringe Platzbedarf und das geringe Gewicht der Turbine. Sie eignet sich daher zur Verwendung auf Schiffen. Die großen Schiffe werden jetzt meist durch Dampfturbinen angetrieben. Ebenso dient sie viel in Elektrizitätswerken zum Antrieb von Dynamomaschinen.

Ein Nachteil der Turbine ist ihre verhältnismäßig hohe Tourenzahl. Sie kann ferner nicht mit voller Last anlaufen. Für den Antrieb von Transmissionen in Werkstätten kann sie daher schlecht gebraucht werden. Hierfür ist die Dampfmaschine geeigneter, ebenso für Lokomotiven, Walzenzugmaschinen, Fördermaschinen und dgl.

### c) Wartung der Dampfturbine.

Wie die Kolbendampfmaschine ist auch die Dampfturbine vor dem Anlassen gehörig zu heizen, damit der Frischdampf nicht an den kalten Wandungen und Schaufeln kondensiert. Doch ist ein Wasserschlag bei der Turbine nicht möglich. Die Heizung erfolgt durch Dampf, der meist durch besondere Heizventile in die Turbine gelassen wird. Durch Öffnen des Absperrventils wird die Turbine angelassen. Zu bemerken ist, daß die Turbine nicht mit voller Last anlaufen kann, da sie ihre Leistung erst bei hoher Tourenzahl entwickelt. Dampfturbinen eignen sich also nicht für den Antrieb von Lokomotiven, Fördermaschinen und dgl.

Die Bedienung der Dampfturbine ist namentlich einfacher, als die der Kolbenmaschine, weil sie viel weniger Lagerstellen besitzt. Es ist ein Hauptvorteil der Turbine, daß sie so geringer Wartung bedarf und erheblich weniger Öl verbraucht, als die Kolbenmaschine.

# 5. Der Verbrennungsmotor.

## a) Allgemeines.

Bei den Dampfkraftanlagen wird der Brennstoff unter dem Kessel verbrannt. Die entstehende Wärme wandert durch die Kesselwandungen in das Wasser und verwandelt es in Dampf. Dieser wird nun durch eine Rohrleitung in den Zylinder der Dampf= maschine geleitet, wo er vermöge seiner Spannkraft Arbeit leistet. Die Fähigkeit zur Arbeitsleistung hat er aber erst durch die Verbrennungswärme des Brennstoffes erhalten. Diese Verbrennungswärme mußte allerdings einen ziemlichen Weg machen, bevor sie in der Dampfmaschine ausgenutzt wurde. Es ist daher verständlich, wenn das Streben der Erfinder dahin gegangen ist, diesen Weg zu verkürzen und die Stelle der Wärmeerzeugung möglichst in den Arbeitszylinder zu verlegen, wie es z. B. beim Dieselmotor geschehen ist. Aus diesem Streben sind die Verbrennungs= motoren entstanden.

## b) Die Gasexplosion.

Strömt Leuchtgas aus einer Gasleitung, so vermischt es sich mit der Luft. Kommt man mit einer offenen Flamme oder einem glühenden Körper diesem Gemisch von Gas und Luft nahe, so kann es sich entzünden und verbrennt dann je nach dem Mischungsverhältnis mit verschiedener Schnelligkeit. Eine sehr schnelle Verbrennung nennt man Explosion. Sie kann großen Schaden anrichten, Fenster und Wände eindrücken und ganze Häuser zertrümmern. Sie entwickelt also ganz bedeutende Kräfte, die im vorliegenden Falle zerstörende Arbeit verrichten. Diese zerstörend wirkende Arbeit der Explosion wird in den Explosions= oder Verbrennungsmotoren nutzbringend verwendet. Der wichtigste Verbrennungs= motor ist der Gasmotor.

## c) Allgemeine Wirkungsweise des Gasmotors.

Abb. 41 zeigt einen Gasmotor, wie er von der Gasmotorenfabrik Deutz gebaut wird. Ein Gemisch von Gas und Luft strömt durch das Einströmventil in den Zy= linder. Das Gemisch wird durch eine Zündvorrichtung zur Entzündung ge= bracht, wenn der Kolben nahe dem Deckel steht. Im Augenblick der Zündung explodiert das Gasgemisch. Der Explosionsdruck treibt den Kolben nach außen. Die Bewegung des Kolbens wird durch Pleuelstange und Kurbel auf eine Kurbel= welle mit Schwungrad übertragen. Auf der Kurbelwelle sitzt meist eine Riemscheibe. Von dieser aus erfolgt der Antrieb der verschiedensten Arbeitsmaschinen. Beim Rück= gange des Kolbens strömen die verbrauchten Gase durch das Ausströmventil ins Freie.

## d) Beschreibung der Einzelteile.

Der Zylinder ist als Rohr ausgebildet und läßt sich so leicht auswechseln und ausbauen. Das Auswechseln und Ausbauen des Zylinders ist notwendig, weil er dem Verschleiß ausgesetzt ist. In diesem Zylinderrohr kann sich der langgestreckte Kolben hin= und herbewegen. Durch den langen Kolben wird ein Kreuzkopf ge=

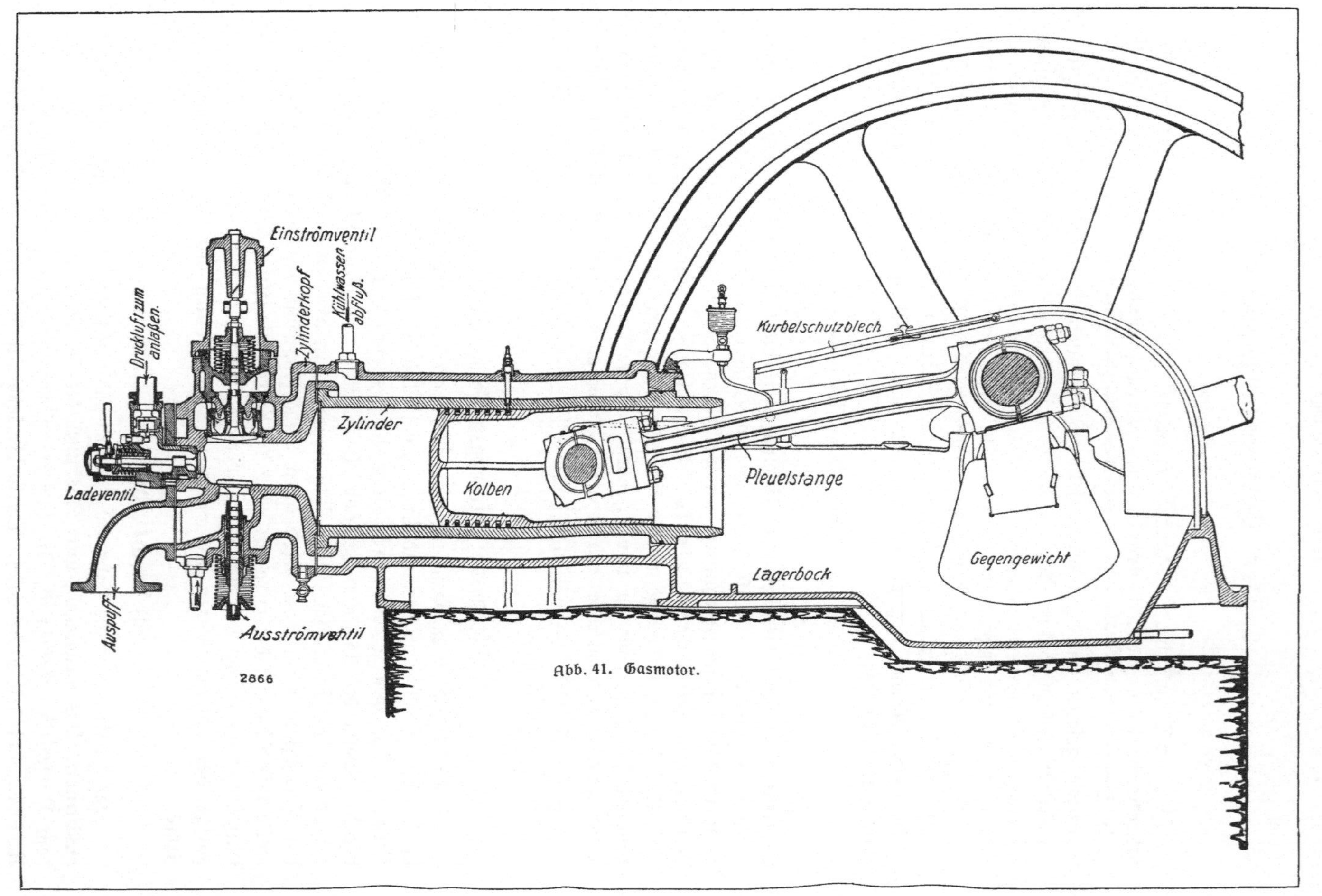

Abb. 41. Gasmotor.

spart. Der Kolben ist durch eine Anzahl Kolbenringe gut gegen die Zylinderwandung abgedichtet. Hinten ist der Zylinder durch einen Deckel, den sogenannten Zylinder= kopf, abgeschlossen. Dieser trägt das Ein= und Ausströmventil. Das Öffnen und Schließen der Ventile erfolgt von einer Steuerwelle aus mit Hilfe von Hebel= gestängen und Nockenscheiben. Die Steuerwelle erhält ihren Antrieb von der Kurbel= welle aus und macht nur halb soviel Umdrehungen wie diese.

Wie bei der Dampfmaschine, so muß auch der Gang des Gasmotors reguliert wer= den. Dies geschieht meist durch einen Zentrifugalregulator. Der Regulator ändert den Hub des Einströmventils. Dieses wird sich also mehr oder weniger öffnen, und somit strömt mehr oder weniger Gasgemisch in den Zylinder. Eine Folge davon ist, daß eine stärkere oder schwächere Explosion im Zylinder stattfindet. Der Motor paßt sich dadurch seiner Belastung an.

Die Entzündung des Gasgemisches erfolgt durch einen elektrischen Funken. Der hierzu erforderliche Strom wird in einem besonderen magnetelektrischen Zünd= apparat erzeugt.

Zylinder und Zylinderkopf werden durch die sich wiederholenden Explosionen sehr stark erhitzt. Sie müssen deshalb gekühlt werden und sind mit Kühlräumen ver= sehen. Durch diese Kühlräume leitet man kaltes Wasser. Das Wasser tritt unten, nahe am Auslaßventil ein. Es umströmt dann die Ventile im Zylinderkopf sowie den Zylinder und fließt oben ab.

Bei kleineren Verbrennungsmotoren kühlt man auch durch Luft, die von außen an dem Zylinder vorbeistreicht. Um eine größere Abkühlungsfläche zu erzielen, ver= sieht man den Zylinder außen mit Rippen. (Zweiradmotor, Umlaufmotor für Flugzeuge usw.)

## e) Arbeitsvorgang im Zylinder.

In den Figuren 1—4 der Abb. 42 ist der Arbeitsvorgang im Zylinder des Gasmotors dargestellt.

Abb. 1. Der Kolben bewegt sich nach rechts. Das Einströmventil ist geöffnet, während das Ausströmventil geschlossen ist. Durch das Einströmventil wird während des ganzen Kolbenhubes ein Gemisch von Gas und Luft angesaugt. Dies bezeichnet man mit Ansaugen.

Abb. 2. Der Kolben bewegt sich nach links. Ein= und Ausströmventil sind geschlossen. Das Gemisch im Zylinder wird auf einen kleineren Raum zusammengedrückt. Dies nennt man Komprimieren.

Abb. 3. In der linken Totlage wird das Gemisch durch einen elektrischen Funken entzündet. Es erfolgt eine Explosion, die eine Ausdehnung — Expansion — der Verbrennungsgase zur Folge hat, wodurch der Kolben nach rechts getrieben wird. Die hierbei geleistete Arbeit wird durch das Kurbelgetriebe auf die Kurbelwelle über= tragen. Diesen Vorgang bezeichnet man mit Explodieren.

Während der Explosion sind beide Ventile geschlossen.

Abb. 4. Der Kolben bewegt sich wieder nach links. Das Ausströmventil ist ge= öffnet, das Einströmventil geschlossen. Während des ganzen Kolbenhubes werden

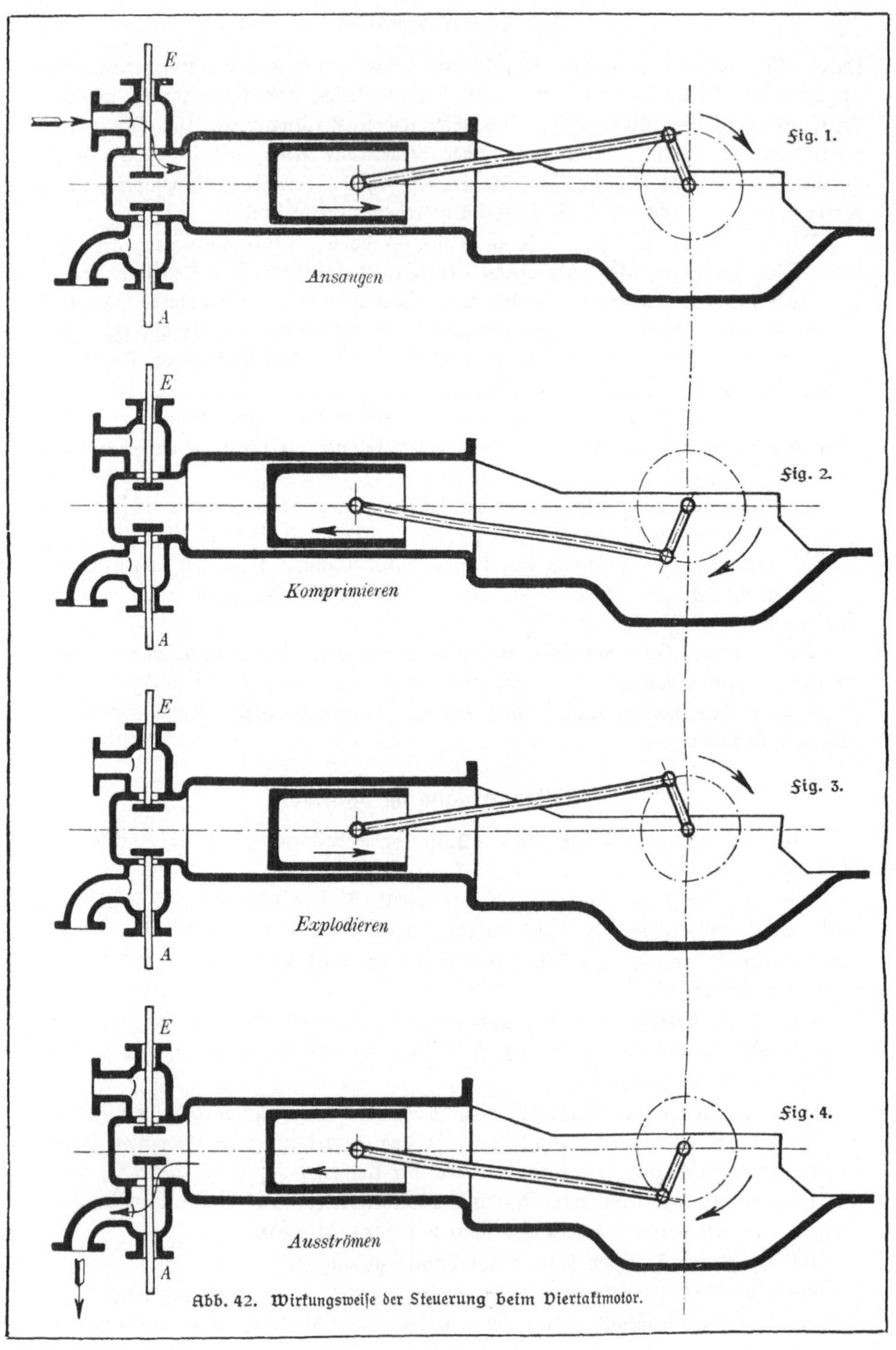


Abb. 42. Wirkungsweise der Steuerung beim Viertaktmotor.

die verbrannten Gase durch das Ausströmventil ins Freie ausgestoßen. Dies nennt man Ausströmen.

Man bezeichnet jeden einzelnen Kolbenhub mit Takt. Man erhält also:

I. Takt:         II. Takt:         III. Takt:         IV. Takt:
Ansaugen,      Komprimieren,      Explodieren,      Ausströmen.

Ein Gasmotor, bei dem die 4 Takte so aufeinander folgen, heißt Viertaktmotor. In dieser Weise arbeiten die meisten Verbrennungsmotoren.

Beim Viertaktmotor wird also unter vier Kolbenhüben nur bei einem Kolbenhub, und zwar bei dem dritten Hub, Arbeit geleistet. Die drei anderen Hübe müssen durch die lebendige Kraft des Schwungrades ausgeführt werden. Da der Motor erst beim dritten Hube Arbeit leistet, muß er auch durch eine andere Kraft in Betrieb gesetzt werden. Dies geschieht bei kleineren Motoren durch Andrehen von Hand, bei größeren durch Druckluft.

Außer den Viertaktmotoren baut man noch Zweitaktmotoren. Bei diesen gibt es nur zwei Takte und zwar ist jeder zweite Hub oder Takt ein Arbeitshub. Das Ansaugen und Ausströmen, wie wir es beim Viertaktmotor haben, fällt hier fort. An Stelle des Ansaugens von Gas und Luft wird das Gemisch dem Zylinder durch eine besondere Ladepumpe zugeführt. Nach erfolgter Explosion werden die verbrannten Gase nicht ausgestoßen, sondern der Zylinder wird durch eine Spülpumpe mit frischer Luft ausgespült. Lade- und Spülpumpe werden oft durch entsprechende Bauart des Motors ersetzt.

Der Zweitaktmotor hat einen gleichmäßigeren Gang als der Viertaktmotor. Er hat jedoch keine große Verbreitung gefunden, da der Viertaktmotor im Betrieb zuverlässiger ist.

## f) Arten der Gasmotoren.

1. In bezug auf die Bauart unterscheidet man liegende Motoren (Abb. 43) und stehende Motoren. Bei den stehenden Motoren kann die Kurbelwelle unten oder oben liegen. Bis etwa 200 PS ist die liegende und stehende Anordnung gleichmäßig verbreitet. Bei größeren Motoren wendet man jedoch fast nur die liegende Form an. Abb. 43 zeigt das Bild eines liegenden Gasmotors der Gasmotorenfabrik Köln-Deutz.

Abb. 43. Gasmotor.

2. Der besprochene Motor arbeitet nur auf einer Seite; er ist ein einfachwirkender Motor. Großgasmaschinen baut man dagegen meist als doppeltwirkende Motoren.

3. Große Motoren erfordern große Abmessungen des Zylinders, des Kurbelgetriebes usw. Infolgedessen vereinigt man oft mehrere kleinere Zylinder zu einer Maschine. Diese nennt man Mehrzylindermaschinen.

### g) Der Brennstoff des Gasmotors.

Als Brennstoff verwendet man beim Gasmotor: Leuchtgas, Gicht- oder Hochofengas, Koksofengas und Kraftgas.

Leuchtgas ist diejenige Gasart, die man zuerst für den Betrieb des Gasmotors gebraucht hat. Man gewinnt es in besonderen Leuchtgasanstalten (vgl. Teil I, S. 62). Es ist verhältnismäßig teuer und kommt daher heute nur noch für kleinere Motoren in Frage.

Gicht- oder Hochofengas wird als Nebenprodukt im Hochofen gewonnen (vgl. Teil I, S. 5). Es findet für große Motoren auf Hüttenwerken Verwendung und bildet dort eine billige Betriebskraft.

Koksofengas entsteht bei der Verkokung der Steinkohle zu Hüttenkoks. Es ist dem Leuchtgas sehr ähnlich und dient daher ebenfalls zur Beleuchtung. Auf den Hüttenwerken selbst wird es aber auch zum Betriebe großer Gasmotoren verwendet (vgl. Teil I, S. 61).

Kraftgas wird dadurch gewonnen, daß man Kohle in besonderen Apparaten (Generatoren) in Gas umwandelt (vgl. unten). Das Kraftgas ist billig und wird heute fast ausschließlich als Brennstoff für Gasmotoren benutzt.

### h) Die Sauggasanlage.

Das Leuchtgas ist verhältnismäßig teuer. Infolgedessen sind die Betriebskosten, insbesondere für große Leuchtgasmotoren, sehr hoch. Außerdem ist man gezwungen, das Leuchtgas von einer Gasanstalt zu beziehen.

Man erzeugt deshalb heute meistens das für den Betrieb des Gasmotors erforderliche Gas in besonderen Anlagen. Diese Anlagen nennt man Gaserzeuger, oder auch Gasgeneratoren. Sie sind Gasanstalten im kleinen. Das in den Generatoren erzeugte Gas ist bedeutend billiger als Leuchtgas, und der Betrieb ist unabhängig von der Gasanstalt. Man unterscheidet:

**1. Druckgasanlagen.** Bei diesen strömt das Gas, ähnlich wie das Leuchtgas, unter Druck der Maschine zu.

**2. Sauggasanlagen.** Hier saugt sich der laufende Motor das Gas selbst an. Die ganze Anlage steht unter Saugspannung. Durch undichte Flansche kann das giftige Gas daher nicht in den Arbeitsraum austreten. Deshalb haben die Sauggasanlagen heute die Druckgasanlagen nahezu verdrängt.

In Abb. 44 ist eine Sauggasanlage dargestellt. Sie besteht in der Hauptsache aus dem Generator $A$ und dem Skrubber $E$.

Der Generator ist ein Schachtofen, der mit feuerfestem Material ausgefüttert ist. Auf dem Rost des Generators wird Kohle (Steinkohle, Braunkohle oder Koks) aufgeschichtet und verbrannt. Der eigentliche Schacht $A$ des Generators ist durch einen Deckel $B$ abgeschlossen, der innen als Schale ausgebildet ist. Diese Schale ist mit

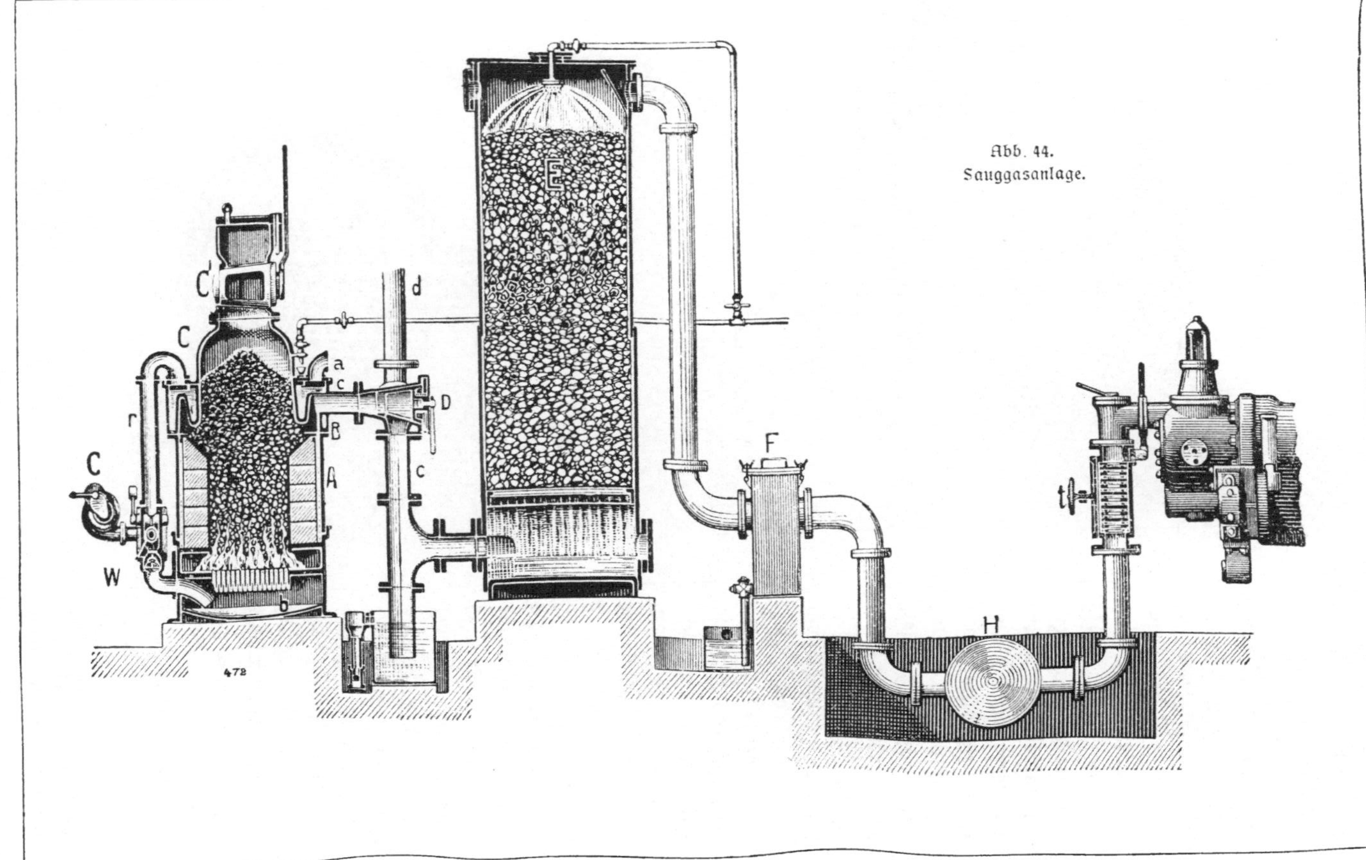


Abb. 44.
Sauggasanlage.

Abb. 45. Sauggasanlage mit Motor.

Wasser gefüllt. Auf dem Deckel $B$ sitzt ein Kohlenaufnehmer $C$, der durch einen Doppelverschluß $C'$ abgeschlossen ist. Der Doppelschluß verhindert, daß beim Einfüllen frischer Kohlen die heißen Gase austreten können oder daß Außenluft eintreten kann. Beim Verbrennen der Kohle wird das Wasser in der Schale zum Verdampfen gebracht. Durch die Saugwirkung des Motors beim Saughub gelangt durch die Öffnung $a$ Luft in die Verdampferschale. Diese streicht über den Wasserspiegel und mischt sich mit Wasserdampf. Von hier aus gelangt das Gemisch von Luft und Wasserdampf durch das Rohr $r$ in den Aschenkasten $b$ und unter den Rost. Es steigt dann durch die glühende Brennstoffschicht nach oben. Hierbei bildet sich aus Luft, Wasserdampf und Kohle Kraftgas. Dieses Gas gelangt durch die Rohrleitung $c$ unter den Rost des Strubbers. Die Rohrleitung $c$ ist mit einem Dreiweghahn $D$ versehen.

Der Strubber ist ein Blechzylinder, der mit porösem Material, z. B.

Koks, angefüllt ist. Durch eine Brause rieselt von oben fortwährend Wasser auf den Koks. Das Wasser sammelt sich im unteren Teil des Skrubbers und fließt durch einen Überlaufkasten ab. Das Wasser im Überlaufkasten verhindert den Eintritt von Luft in den Skrubber. Vom Rost des Skrubbers steigt das Gas durch den Koks hindurch nach oben, dem Wasserstrom entgegen. Dabei lagern sich die Verunreinigungen des Gases auf dem Koks ab, und gleichzeitig wird das Gas gekühlt.

Oben am Skrubber ist eine Rohrleitung angeschlossen, durch die das Gas in einen Teerabscheider *F* und dann in einen Sammelkessel *H* gelangt. Kurz vor dem Motor befindet sich noch ein Schlußreiniger *t*, so daß das Gas genügend rein in den Motor gelangt. Aus dem Sammelkessel saugt der Motor bei jedem Saughub das erforderliche Gas heraus.

Soll die Anlage stillgesetzt werden, so stellt man den Dreiweghahn so ein, daß das Innere des Generators mit dem Kamin *d* in Verbindung steht und nicht mit dem Skrubber.

Zum Inbetriebsetzen muß das Feuer im Generator zunächst durch einen Ventilator *G* angefacht werden. Man stellt dann die Wechselklappe *W* so ein, daß die Luft des Ventilators unter den Rost, aber nicht in die Dampfluftleitung kann. Die Gase läßt man etwa 10 Minuten durch den Kamin *d* ins Freie entweichen. Dann schließt man den Kamin ab und leitet das Gas zum Skrubber und damit weiter zum Motor.

Nun wird die Wechselklappe wieder umgelegt und der Motor in Gang gebracht. In Abb. 45 ist eine Sauggasanlage mit Motor dargestellt.

## i) Verbrennungsmotoren für flüssige Brennstoffe.

Nicht nur die eben genannten Gase können eine Explosion hervorrufen. Auch flüssige Brennstoffe, z. B. Benzin, Benzol, Spiritus, Petroleum usw. können leicht die Veranlassung zu heftigen Explosionen geben. Am meisten neigt Benzin hierzu. Benzin verdunstet sehr leicht, d. h. es verwandelt sich schnell in einen gasförmigen Zustand. Mischt sich dieses gasförmige Benzin mit Luft, so verhält sich das Gemisch ähnlich wie z. B. Leuchtgas mit Luft gemischt. Es wird also leicht explodieren. Für Benzol, Spiritus und Petroleum gilt dasselbe, wenn sie auch nicht so leicht vergasen wie Benzin. Die Eigenschaft dieser flüssigen Brennstoffe, verdunsten zu können und dann, mit Luft gemischt, zu explodieren, wird in den verschiedenen Verbrennungs= motoren nutzbringend verwertet. Man baut daher Benzin=, Benzol=, Spiritus= und Petroleummotoren. Diese Motoren arbeiten ebenso wie der Viertaktgasmotor. Es tritt nur noch ein Apparat hinzu, der den flüssigen Brennstoff in Gas verwandelt. Diesen Apparat nennt man Vergaser. Die Motoren für flüssige Brennstoffe finden hauptsächlich Anwendung bei Motorfahrzeugen wie: Automobilen, Feuerspritzen, Motorlokomotiven für Feld= und Grubenbahnen, Motorbooten usw. Außerdem werden sie viel in der Landwirtschaft gebraucht, wo Gas nicht zur Verfügung steht. Benzinmotoren treiben die Luftschrauben (Propeller) der Flugzeuge und Lenkballons (Zeppeline) an.

## k) Der Dieselmotor.

Dieser Motor ist von dem Ingenieur **Diesel** erfunden worden. Als Brennstoff verwendet man **nicht Gas**, sondern verschiedene **Öle** wie: Rohöl, Teeröl, Paraffinöl, Solaröl, Gasöl usw.

Der Dieselmotor ist in Abb. 46 schematisch dargestellt und arbeitet in folgender Weise:

1. Hub. Der Kolben $K$ saugt beim Niedergang durch das Ansaugeventil $E$ reine Luft in den Zylinder.

2. Hub. Das Ventil $E$ wird geschlossen. Der Kolben drückt die **angesaugte Luft** beim Aufwärtsgang zusammen und verdichtet sie auf 40 Atm. Dadurch wird die Luft auf $500^\circ - 600^\circ$ C erhitzt.

3. Hub. In der oberen Totlage des Kolbens wird durch das Brennstoffventil $B$ mittels einer Druckpumpe Brennstoff eingepreßt. Der Brennstoff entzündet sich sofort an der heißen Luft ohne besondere Zündvorrichtung. Er verbrennt, und die Verbrennungsgase treiben den Kolben abwärts. Dies ist der **Arbeitshub**.

4. Hub. Der Kolben bewegt sich wieder nach oben. Das Ausströmventil $A$ hat sich geöffnet, so daß die verbrannten Gase ins Freie entweichen können. Dann wiederholt sich der Vorgang.

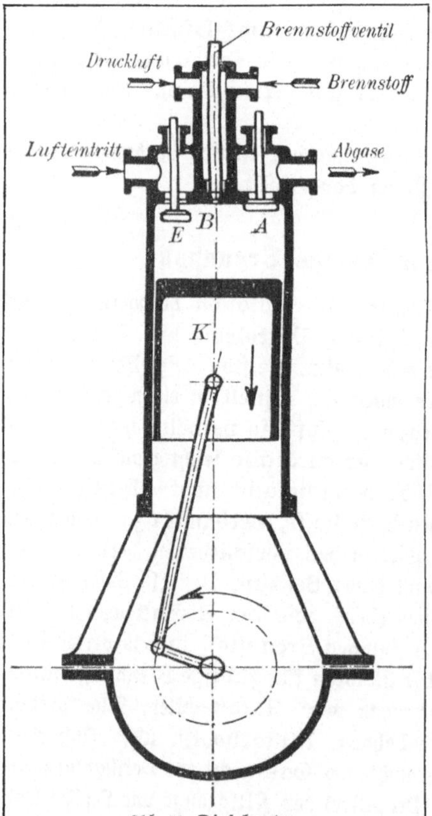

Beim Dieselmotor kommt also auch auf vier Hübe oder Takte ein **Arbeitshub. Er ist ebenfalls ein Viertaktmotor.** Der Hauptvorteil des Dieselmotors liegt in dem Wegfall der Zündvorrichtung sowie in der Möglichkeit, billige Brennstoffe benutzen zu können. Er hat allerdings auch einige wesentliche Nachteile. Infolge des hohen Druckes und der hohen Temperatur müssen die einzelnen Teile besonders kräftig und mit größter Genauigkeit hergestellt werden. Das verteuert die Maschine. Der hohe Druck erzeugt auch große Lagerdrücke. Deshalb ist eine reichlichere Schmierung erforderlich.

Der Dieselmotor wird meistens in stehender Bauart ausgeführt. Abb. 47 zeigt das Bild eines Dieselmotors der Gasmotorenfabrik Köln-Deutz.


Abb. 46. Dieselmotor.

## l) Wartung des Verbrennungsmotors.

Bei der Wartung der Verbrennungsmotoren gelten die gleichen Vorschriften

über Sauberkeit, Ordnung und Schmierung der äußeren Teile, wie bei der Dampf=
maschine. Zu bemerken ist jedoch, daß Verbrennungsmotoren im Innern auch ver=
schmutzen. An den Wandungen des Verbrennungsraumes, dem Zünder, den Ventilen,
Spindeln, Kolben und Kolbenringen bilden sich Krusten von Verbrennungsrückständen,
die zu Betriebsstörungen führen können. Sie können z. B. zum Glühen kommen und
bringen dann das Gasgemisch vorzeitig, also während der Kompression, zur Explo=
sion; die Ventilspindeln verschmieren sich, ebenso die Ventile, die dann nicht mehr
dicht halten. Das gilt auch von den Kolbenringen. Besonders häufig versagt die
Zündung infolge solcher Verschmutzung. Denn diese Krusten bilden zwischen der
Funkenstrecke eine leitende Brücke, die der
elektrische Strom benutzen kann, anstatt als
Funken den Luftraum zu überspringen und
zu zünden. Der Motor ist deshalb regel=
mäßig im Innern gründlich zu reinigen.

An die Stelle der Heizung bei der
Dampfmaschine tritt beim Verbrennungs=
motor die Wasserkühlung, die dauernd zu
beobachten ist. Meist ist der Abfluß des
Wassers so eingerichtet, daß man den ab=
fließenden Wasserstrom bequem sehen und
durch Anfühlen auf seine Temperatur prü=
fen kann. Diese soll nicht über 50°—60°
betragen. Ein längeres Ausbleiben des Kühl=
wassers hat eine übermäßige Erhitzung

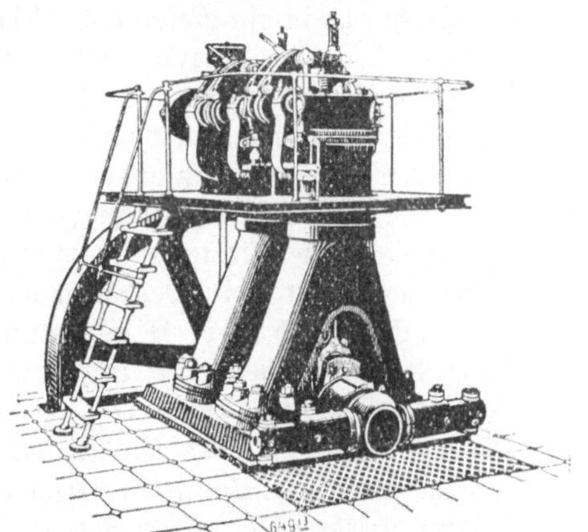

Abb. 47. Dieselmotor.

des Motors zur Folge, die mit Vorzündungen, oft auch Brüchen des Deckels, des
Kolbens oder Zylinders verbunden ist. Reines, nicht kalkhaltiges Wasser ist zu
verwenden, damit sich die Kühlräume nicht verschmutzen. Wegen der Gefahr des
Einfrierens soll, wenigstens im Winter, nach Stillsetzung des Motors alles Kühl=
wasser abgelassen werden.

Das Anlassen des Motors gestaltet sich schwieriger als bei der Dampfmaschine,
weil der Motor sein Treibmittel, den Brennstoff, ja nur durch seinen eigenen Gang
ansaugen kann, während der Dampf der Maschine mit Druck zuströmt. Ein Ver=
brennungsmotor muß daher zunächst solange von außen her angetrieben werden,
bis er sich ein zündfähiges Gemisch selbst angesaugt und entzündet hat. Dieser
erste Antrieb erfolgt bei kleineren Motoren von Hand am Schwungrad oder durch
besondere Kurbel (vgl. Automobilmotor), bei größeren Maschinen meist durch ge=
preßte Luft, für deren Beschaffung und Bewahrung besondere Einrichtungen in
Verbindung mit dem Motor getroffen werden. Natürlich kann man durch diese
Mittel nicht die Transmission, die etwa am Motor hängt, gleich mit bewegen.
Der Motor muß vielmehr völlig entlastet werden (Ausrückkuppelung). Ferner hält
man durch besondere Vorrichtung das Auslaßventil etwas offen, damit der Kom=
pressionsdruck niedrig bleibt. Die Zündung wird so eingestellt, daß sie erst nach
der Totlage erfolgen kann. Durch die erste Zündung und Explosion kommt der
Motor in Gang. Durch Umschalten der Auslaßventilsteuerung und der Zündung

auf den Betriebsstand erreicht der Motor dann bald volle Tourenzahl und kann darauf belastet werden. Der Verbrennungsmotor läuft also nicht mit voller Last an. Das ist ein Nachteil.

Im übrigen achte der Maschinist auch hier auf jedes unregelmäßige Geräusch im Betriebe des Motors, weil es immer auf unregelmäßiges Arbeiten hinweist.

# 6. Dynamomaschine und Elektromotor.

## a) Der elektrische Strom.

Taucht man in ein Gefäß mit verdünnter Schwefelsäure zwei verschiedene Metall= platten, z. B. (Abb. 48) eine Kupfer= und eine Zinkplatte, und verbindet die beiden Platten durch einen Draht, so kann man verschiedene Erscheinungen beobachten. Der Draht erwärmt sich nach kurzer Zeit. Macht man den Draht aus zwei Teilen und unterbricht ihn plötzlich an der Berührungsstelle, so springt an dieser Stelle ein Funken über. Einen ähnlichen Funken kann man beobachten, wenn man sich einer geriebenen Bernsteinstange mit dem Fingerknöchel nähert. Der griechische Name für Bernstein ist Elektron. Deshalb nennt man derartige Funken elektrische Funken

Ein Gefäß nach Abb. 48 wird elektrisches oder galvanisches Element genannt. Die beiden Platten heißen Elektroden, und die herausragenden Enden nennt man die Pole des Elements. Mehrere verbundene Elemente nennt man eine Batterie. Aus der Erwärmung des Drahtes kann man schließen, daß in demselben eine Be= wegung stattfindet. Bei jeder Bewegung entsteht Reibung. Durch Reibung wird Wärme erzeugt. Der Lauf eines Gewehres z. B. erwärmt sich infolge der Be= wegung und Reibung des Geschosses im Lauf. Man kann sich nun vorstellen, daß durch den Draht hindurch auch eine Bewegung stattfindet. Diese gedachte Bewegung, die man nicht sieht, sondern nur an ihren Wirkungen wahrnimmt, nennt man den elektrischen Strom.

## b) Spannung, Stromstärke, Widerstand, Watt.

**1. Spannung.** Wenn sich irgendein Körper bewegt, so muß eine Kraft vor= handen sein, die diese Bewegung hervorruft. In Abb. 49 haben wir zwei Ge= fäße, die verschieden hoch mit Wasser gefüllt sind. Die beiden Ge= fäße sind durch eine Rohr= leitung miteinander verbun= den. In der Rohrleitung be= findet sich ein Hahn, mit dem die Verbindung abgesperrt ist. Öffnet man den Hahn, so wird das Wasser aus dem Ge= fäß $A$ in das Gefäß $B$ fließen. Das Wasser fließt, solange ein Höhenunterschied zwischen den beiden Wassersäulen be= steht. Der Höhenunterschied

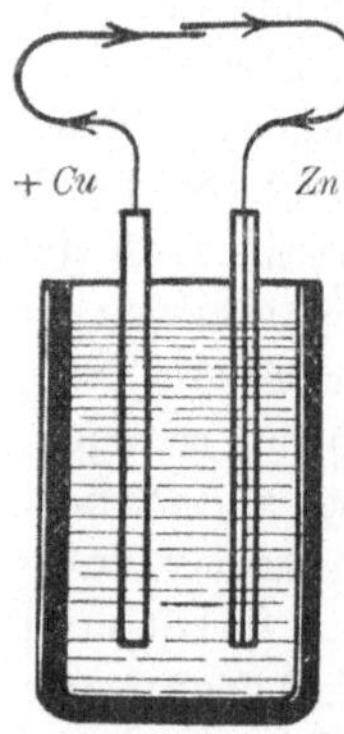

Abb. 48. Element.

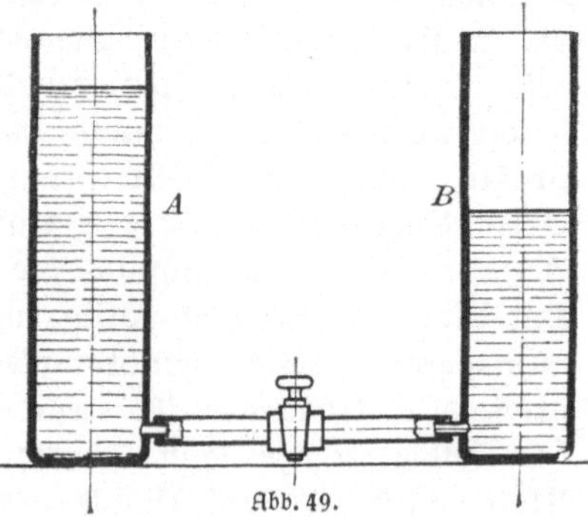


Abb. 49.

erzeugt nämlich einen Druckunterschied. Dieser Druckunterschied ist die wasserbewegende Kraft, welche einen Wasserstrom durch die Rohrleitung treibt. Einen ähnlichen Druckunterschied kann man sich als elektrizitätsbewegende Kraft denken. Taucht man ein Metall in eine Säure ein, so wird dadurch in dem Metall ein elektrischer Druck erzeugt. Gleiche Metalle werden gleichen elektrischen Druck haben. Taucht man jedoch zwei verschiedene Metalle in eine Säure ein, z. B. Kupfer und Zink (Abb. 48), so ist auch der elektrische Druck verschieden. Der Druck im Kupfer ist größer als der Druck im Zink. Wir haben also auch hier einen Druckunterschied. Dieser Druckunterschied treibt den elektrischen Strom vom Kupfer durch die Draht= leitung zum Zink. Die Kupferplatte mit dem höheren elektrischen Druck wird posi= tiver Pol genannt und mit einem + bezeichnet (das Pluszeichen bedeutet „mehr"). Die Zinkplatte mit dem niedrigeren elektrischen Druck wird negativer Pol genannt und mit einem — bezeichnet (das Minuszeichen bedeutet „weniger"). Der Druck= unterschied ist die elektrizitätsbewegende Kraft und wird elektromotorische Kraft oder Spannung genannt. Als Maßeinheit der Spannung ist das Volt angenommen. Man mißt die Spannung mit Meßinstrumenten, die Voltmeter oder Spannungs= messer heißen.

**2. Stromstärke.** Läßt man Wasser aus einer Rohrleitung in ein Gefäß fließen, so kann man die Menge des einfließenden Wassers messen. Die Wassermenge wird bei einem schwachen Wasserstrom in einer bestimmten Zeit kleiner sein als bei einem starken Wasserstrom. Sie hängt also von der Stärke des Wasserstromes ab. Die Wassermenge, die in 1 sek durch die Rohrleitung fließt, nennt man Wasser= stromstärke. Als Maßeinheit hierfür dient das Liter in 1 Sekunde. Fließen z. B. in 1 sek 50 l Wasser durch die Rohrleitung, so ist die Wasserstromstärke gleich 50 l/sec. So spricht man auch beim elektrischen Strom von der Stromstärke und versteht darunter diejenige Elektrizitätsmenge, die in 1 Sekunde durch den Leiter fließt.

Leitet man das eine Mal einen schwachen Strom, das andere Mal einen stärkeren Strom durch einen Draht, so wird der Draht verschieden stark erwärmt und zwar um so stärker, je stärker der Strom ist. Aus dieser Wirkung des elektrischen Stromes läßt sich seine Stärke bestimmen. Als Maßeinheit für die Stromstärke dient das Ampere. Zur Messung der Stromstärke verwendet man Amperemeter oder Strommesser.

**3. Widerstand.** Fließt Wasser durch eine Rohrleitung, so reibt sich der Wasser= strom an der inneren Rohrwand. Die Rohrwand setzt dem Durchfließen des Wasser= stromes einen Widerstand entgegen. Ist die Rohrwandung sehr glatt, so wird der Widerstand klein sein. Der Wasserstrom kann gut durch die Rohrleitung fließen. Bei einer rauhen Rohrwandung ist der Widerstand groß.

Beim elektrischen Strom ist es ähnlich. Leitet man ihn durch einen Kupfer= draht, so findet er hier wenig Widerstand. Man kann den Kupferdraht mit einer glatten Rohrleitung vergleichen. In einem Eisendraht findet der elektrische Strom einen größeren Widerstand. Der Eisendraht ist mit einer rauhen Rohrleitung zu vergleichen. Kupfer ist ein guter Leiter des elektrischen Stromes, Eisen ein schlechter Leiter. Körper, die dem elektrischen Strom keinen Durchgang gestatten, heißen Nichtleiter oder Isolatoren. Solche sind: Gummi, Seide, Porzellan, Glas usw. Durch Versuche hat man den Widerstand der verschiedenen Körper, die zur Stromleitung dienen, festgestellt. Die Maßeinheit für den Widerstand ist das **Ohm**. 1 Ohm ist der **Widerstand**, den ein Quecksilberfaden von 1063 mm Länge und 1 qmm Querschnitt dem Durchgang des elektrischen Stromes entgegensetzt.

**4. Das Ohmsche Gesetz.** Der Wasserstrom, der durch eine Rohrleitung fließt, ist um so größer, je größer der Wasserdruck am Anfange der Rohrleitung ist. Der Wasserstrom wird dagegen um so kleiner sein, je größer der Widerstand in der Rohrleitung ist.

In einer elektrischen Leitung ist der elektrische Strom ebenfalls abhängig von dem elektrischen Druck oder der Spannung und vom elektrischen Widerstand der Leitung. Bei derselben Spannung wird durch einen kurzen, dicken Draht mit wenig Widerstand ein stärkerer Strom fließen, als durch einen langen, dünnen Draht mit viel Widerstand.

Für die Abhängigkeit der Stromstärke von der Spannung und vom Widerstand gilt das Gesetz:

$$\text{Stromstärke} = \text{Spannung} : \text{Widerstand}.$$

Dieses Gesetz wird das **Ohmsche Gesetz** genannt. Die elektromotorische Kraft oder Spannung bezeichnet man mit dem Buchstaben $E$, die Stromstärke mit dem Buchstaben $J$ und den Widerstand mit dem Buchstaben $R$. In Buchstaben lautet demnach das Ohmsche Gesetz:

$$J = E : R \quad \text{oder} \quad J = \frac{E}{R}.$$

**Beispiel:** Ein Leiter ist an eine Spannung von 220 Volt angeschlossen; der Leiter hat einen Widerstand von 10 Ohm. Wie groß ist die Stromstärke, die durch den Leiter fließt?

Lösung: $$J = \frac{E}{R} = \frac{220}{10} = 22 \text{ Ampere.}$$

Das Ohmsche Gesetz läßt sich auch in der Form schreiben:

$$R = E : J = \frac{E}{J} \quad \text{und} \quad E = J \cdot R.$$

**5. Watt.** Ein Liter Wasser, welches in 1 sek 10 m tief herabfällt und ein Wasserrad antreibt, kann 10 mal soviel Arbeit leisten, als 1 Liter Wasser, welches nur 1 m tief stürzt. Die Leistung ist im ersten Falle $10 \cdot 1 = 10$ mkg/sek, im zweiten Falle $1 \cdot 1 = 1$ mkg/sek (S. 1). Sie hängt ab von dem Gefälle oder dem Druck des Wassers und von der Wassermenge oder Wasserstromstärke. Ähnlich ist es beim elektrischen Strom. Die Spannung des elektrischen Stromes vergleicht man mit dem Druck des Wassers, die Stärke des elektrischen Stromes mit der Wassermenge oder Wasserstromstärke. Multipliziert man also die Spannung mit der Stromstärke, so erhält man die Leistung des elektrischen Stromes.

Die Einheit der Leistung ist:

1 Volt $\times$ 1 Ampere = 1 Voltampere und wird Watt[1]) genannt.

Bei größeren Leistungen rechnet man nicht mit Watt, sondern mit **Kilowatt**. Dies sind 1000 Watt. Die Messung der elektrischen Leistung erfolgt entweder mit einem Volt- und einem Amperemeter oder durch besondere Wattmeter.

---

1) Nach dem Erfinder der Dampfmaschine.

Durch Versuche ist ermittelt worden, daß 736 Watt einer Leistung von 1 PS entsprechen. Aus Volt und Ampere läßt sich also leicht die PS-Zahl einer elektrischen Maschine errechnen, z. B. 110 Volt, 20 Ampere,

$$\text{Leistung:} \quad \frac{110 \cdot 20}{736} = \text{rund 3 PS.}$$

Der von einem Elektrizitätswerk abgegebene Strom wird durch elektrische Zählapparate gemessen, die man Zähler nennt. Sie geben an, wieviel Kilowatt in einer gewissen Zeit verbraucht wurden. Die Einheit ist die Kilowattstunde. Der Preis für den Strom wird hiernach berechnet.

Beispiel: Eine Lichtanlage verbraucht bei 220 Volt Spannung 0,5 Ampere. Die Leistung des elektrischen Stromes ist dann $220 \cdot 0,6 = 132$ Watt $= \dfrac{132}{1000} =$ 0,132 Kilowatt. Ist die Anlage 30 Tage lang je 5 Stunden in Betrieb, so sind zu bezahlen $0,132 \cdot 30 \cdot 5 = 19,80$ Kilowattstunden.

## c) Der Magnet.

Der in einem Element erzeugte Strom ist verhältnismäßig schwach (Schwachstrom). Stärkere Ströme werden mittels Dynamomaschinen erzeugt (Starkstrom). Ein wichtiger Teil der Dynamomaschine ist der Magnet mit dem von ihm erzeugten Magnetfeld. Magneteisenerz, wie es in der Natur vorkommt, zieht Eisen und Stahl an (I. Teil S. 3). Dies ist ein natürlicher Magnet. Bestreicht man einen Stab aus Eisen oder Stahl mit einem solchen Magneten, so wird der gestrichene Stab ebenfalls magnetisch. Dies ist ein künstlicher Magnet. Nach der Form unterscheidet man Stabmagnete, Hufeisenmagnete und Magnetnadeln (Abb. 50, 51 und 52).

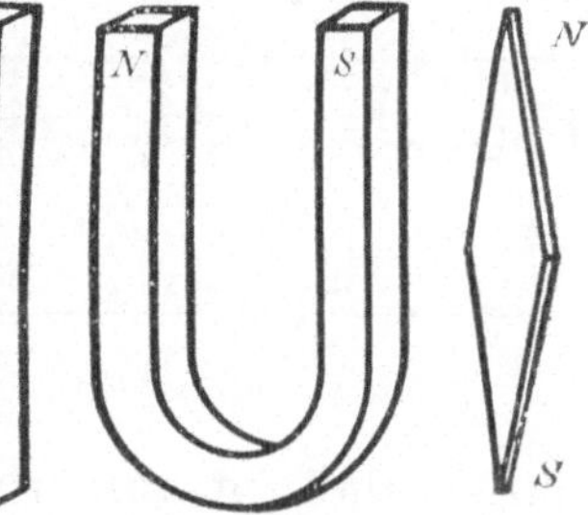


Abb. 50—52. Magnete.

Die Magnetnadel ist in der Mitte so unterstützt, daß sie sich leicht drehen kann (Abb. 53). Sie stellt sich immer in einer bestimmten Richtung ein. Das eine Ende zeigt nach Norden und heißt daher Nordpol. Das andere Ende zeigt nach Süden und wird Südpol genannt. Die Nadel nimmt diese Richtung ein, weil der Erdmagnetismus auf dieselbe einwirkt. Stab- und Hufeisenmagnet haben ebenso wie die Magnetnadel Nord- und Südpol.

Nähert man einer schwebenden Magnetnadel einen Stabmagneten, so findet eine Abstoßung oder Anziehung derselben statt. Der Südpol der Nadel wird z. B. vom Südpol des Stabmagneten abgestoßen, vom Nordpol desselben dagegen angezogen. Hieraus folgt die Regel:

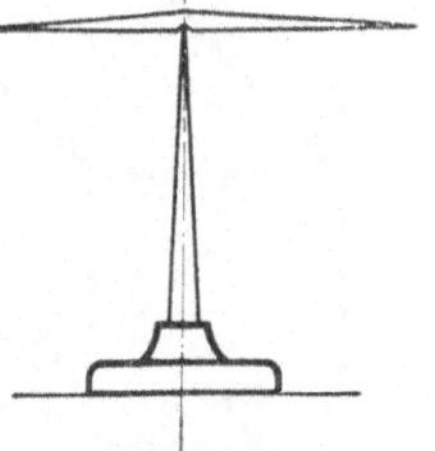

Abb. 53. Magnetnadel.

Gleichnamige Magnetpole stoßen einander ab, ungleichnamige ziehen einander an.

Legt man auf die Pole eines Hufeisenmagneten ein Blatt Papier mit Eisenfeilspänen, so ordnen sich die Späne in bestimmten Linien an (Abb. 54). In der

Nähe der beiden Pole entstehen Strahlen, die alle nach dem Mittelpunkt der Pole gerichtet sind. Zwischen Nord= und Südpol bilden sich fast gerade Linien aus Eisen=

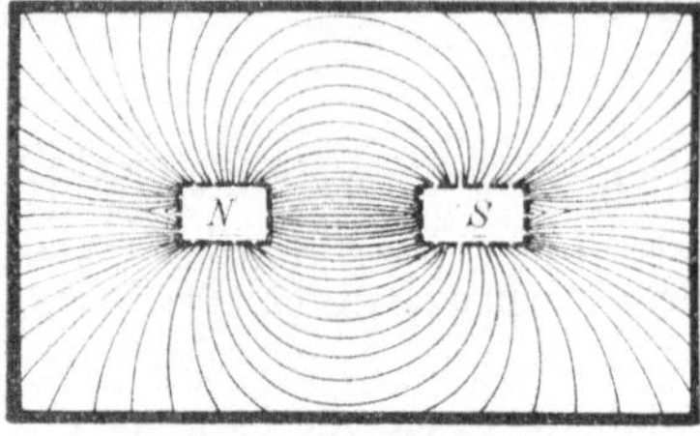

Abb. 54. Magnetisches Feld.

feilspänen. Auf der übrigen Fläche des Papiers werden die Linien immer schwächer und verlaufen bogenförmig vom Nord= zum Südpol. Die Eisenfeilspäne geben demnach in Linien die Richtung der magnetischen Kraft an. Diese Linien nennt man magnetische Kraftlinien.

Bei den Polen liegen die Feilspäne dicht zusammen und werden nach außen hin immer schwächer. In der Nähe der Pole ist also die magnetische Kraft am größten. Mit der Entfernung vom Pol nimmt sie allmählich ab. Die Umgebung eines Magnetpols, in der sich noch magnetische Wirkungen wahrnehmen lassen, nennt man das magnetische Feld.

### d) Der Elektromagnet.

Wird ein Stück weiches Eisen in vielen Windungen mit einem isolierten Draht umwickelt (Abb. 55), und schickt man durch diese Windungen einen elektrischen Strom,

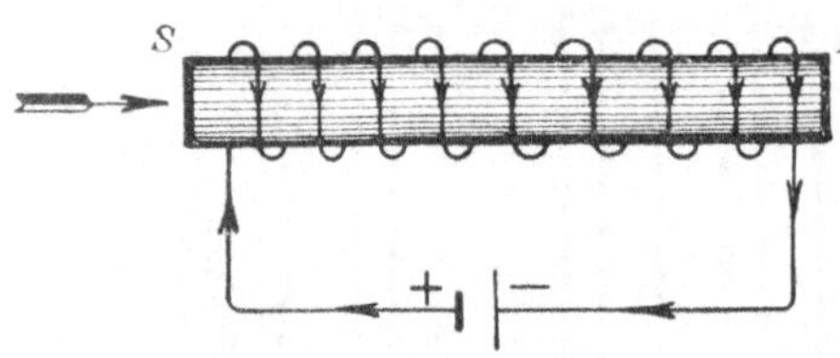

Abb. 55. Elektromagnet.

so wird das Eisen magnetisch; d. h. es sendet Kraftlinien aus. Ein solches durch den elektrischen Strom magnetisch gemachtes Eisenstück nennt man Elektromagnet. Der Elektromagnet hat ebenso wie der gewöhnliche Magnet einen Nord= und einen Südpol. Die beiden Pole lassen sich nach folgender Regel bestimmen: Sieht man auf die Polfläche des Magneten

(siehe den Pfeil Fig. 55), und fließt der Strom rechts herum (Uhrzeigerregel), so ist dieser Pol der Südpol; fließt der Strom umgekehrt, hat man den Nordpol vor sich.

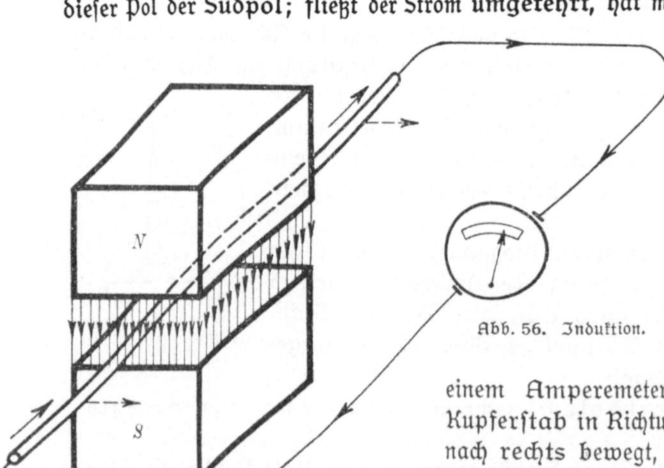

Abb. 56. Induktion.

### e) Die magnet= elektrische Induktion.

Abb. 56 zeigt den Nord= und Südpol eines Magneten. Zwischen den beiden Polen befindet sich ein Kupfer= stab. Die beiden Enden des Stabes sind durch dünne Kupferdrähte mit einem Amperemeter verbunden. Wird der Kupferstab in Richtung der gestrichelten Pfeile nach rechts bewegt, so schlägt der Zeiger des Amperemeters aus. Das Amperemeter ist also von einem Strom durchflossen worden.

Bewegt man den Kupferstab nach links, so schlägt das Amperemeter nach der entgegengesetzten Seite aus. Hieraus folgt: In einem Leiter wird ein elektrischer Strom erzeugt, wenn man ihn zwischen den Polen eines Magneten (im Magnetfeld) bewegt und die Kraftlinien hierbei geschnitten werden. Der Strom dauert nur so lange, wie die Bewegung dauert. Ohne Bewegung entsteht kein Strom. Anstatt des Kupferstabes kann auch der Magnet bewegt werden. Diese Einwirkung des magnetischen Feldes auf einen bewegten Leiter nennt man **magnetelektrische Induktion** und den entstehenden Strom Induktionsstrom. Zur Bestimmung der Richtung des erzeugten (induzierten) Stromes dient folgende Regel:

Man hält die **rechte Hand** so in das Magnetfeld, daß die Kraftlinien in die Handfläche eintreten, und der Daumen die Bewegungsrichtung des Leiters angibt. Dann zeigen die Fingerspitzen die Stromrichtung an (Abb. 56).

### f) Die Dynamomaschine.

**1. Allgemeines.** Bewegt man durch eine Vorrichtung einen Leiter ständig zwischen den Polen eines Magneten, so erhält man einen fortwährenden Strom. Diese Bewegung kann eine hin- und hergehende oder eine drehende sein. So entsteht die einfachste Form einer Maschine, um elektrischen Strom zu erzeugen. Eine solche Maschine nennt man Dynamomaschine.

**2. Wirkungsweise.** Die einfachste Dynamomaschine und ihre Wirkungsweise ergibt sich nach Abb. 57 wie folgt:

$N$ und $S$ sind die Pole eines Magneten. Im Magnetfeld der beiden Pole kann sich ein drehbar gelagerter Draht-

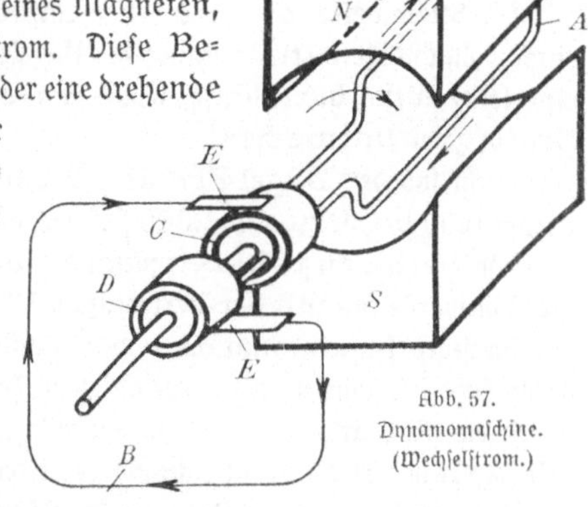

Abb. 57.
Dynamomaschine.
(Wechselstrom.)

bügel $A$ bewegen. Wird nun der Drahtbügel in der Pfeilrichtung gedreht, so bewegen sich die beiden Leiterstäbe des Bügels an den Magnetpolen vorbei. Sie schneiden dabei die Kraftlinien des Magneten. Hierdurch wird in dem Drahtbügel infolge der Induktion ein elektrischer Strom erzeugt. Die Richtung des Stromes läßt sich nach der Regel bestimmen. Sie ist durch Pfeile angedeutet (Abb. 57). Um den Strom nach außen fortzuleiten, sind die beiden Enden des Drahtbügels mit je einem der beiden Ringe $C$ und $D$ verbunden. Auf diesen Ringen, die aus Kupfer oder Messing bestehen, schleift je eine Metallfeder oder Bürste $E$. Man nennt die Ringe daher auch Schleifringe. Hat der Bügel eine Viertelumdrehung gemacht, so sind die beiden Drähte des Bügels weder im Bereich des Nordpols noch im Bereich des Südpols. In dieser Stellung schneiden die beiden Drähte keine Kraftlinien. Somit wird auch kein Strom in dieser Stellung erzeugt. Dreht sich der Bügel weiter, so gelangt die Seite des Bügels, die früher im Bereich des Nordpols war, nun in den Bereich des Südpols und umgekehrt. Dadurch ändert sich die Richtung des Stromes in den beiden Bügelseiten. Der Strom, der durch den äußeren Strom-

4*

kreis *B* fließt, wechselt somit seine Richtung bei jeder halben Umdrehung des Bügels. Man nennt ihn daher Wechselstrom.

Die Stärke des Stromes schwankt dauernd zwischen Null und einem größten Wert. Dies kann man durch eine Wellenlinie nach Abb. 58 darstellen.

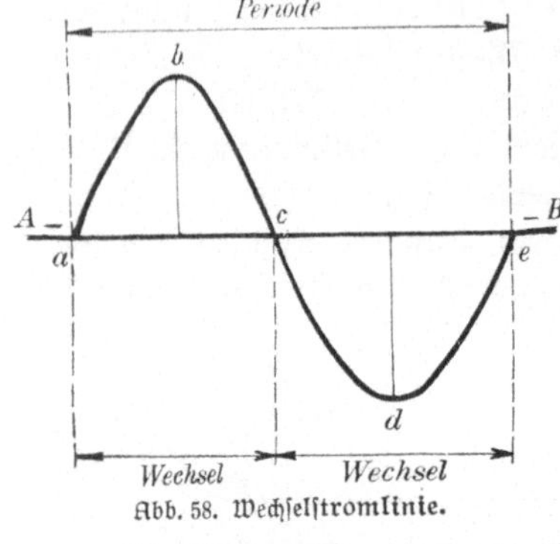

Abb. 58. Wechselstromlinie.

Befindet sich der Drahtbügel Abb. 57 in wagerechter Lage, so ist der erzeugte Strom gleich Null. Dies entspricht dem Punkt *a* auf der Linie *AB*. Nach einer Viertelumdrehung des Bügels erreicht der Strom seine größte Stärke (Punkt *b*). Bei einer weiteren Viertelumdrehung des Bügels nimmt die Stärke des Stromes allmählich ab und wird wieder gleich Null (Punkt *c*). Dreht man den Bügel weiter, so wechselt der Strom seine Richtung. Er nimmt nach der entgegengesetzten Seite zu, bis zu einem größten Wert (Punkt *d*). Dann nimmt er wieder ab bis auf Null (Punkt *e*). So wiederholt sich das Spiel.

Die Stromwelle *a—b—c—d—e* entsteht bei einer Maschine mit 2 Polen nach einer vollständigen Umdrehung des Bügels (360°). Die Zeit, in welcher der Strom eine solche Welle durchläuft, nennt man eine Periode. Hierbei kommen auf jede Periode zwei Polwechsel.

Dreht sich der Bügel Abb. 57 z. B. 1000 mal in 1 Minute, so hat der erzeugte Strom 1000 Perioden und 2000 Polwechsel. Die in 1 sek erhaltenen Perioden nennt man die Periodenzahl (Frequenz) des Wechselstromes. Die meisten Wechselstrommaschinen arbeiten mit der Periodenzahl 50; d. h. der Strom hat 50 Perioden in 1 sek.

In jeder Dynamomaschine wird zunächst Wechselstrom erzeugt. Der Wechselstrom läßt sich jedoch auch gleichrichten, so daß die äußere Leitung (Abb. 57) stets in gleicher Richtung vom Strom durchflossen wird. Einen solchen Strom nennt man Gleichstrom. Die Gleichrichtung des Stromes geschieht auf folgende Weise:

Bei ganz langsamer Drehung des Bügels Abb. 57 könnte man nach einer halben Umdrehung, wenn der Strom seine Richtung wechselt, die Drahtenden des Bügels vertauschen. Man könnte den Draht, der früher zum Schleifring *C* gegangen ist, an den Schleifring *D* anlegen und umgekehrt. Wäre die Stromrichtung im Drahtbügel die gleiche geblieben, so wäre durch diese Vertauschung die Stromrichtung im äußeren Stromkreis *B* geändert worden. Bei der folgenden halben Umdrehung ist aber im Drahtbügel ein Strom von entgegengesetzter Richtung entstanden. Durch die Vertauschung der beiden Drahtenden bleibt somit die Richtung des Stromes im äußeren Stromkreis *B* die gleiche.

Diese Vertauschung der beiden Drahtenden von Hand läßt sich bei einer schnelllaufenden Maschine nicht durchführen. Die gleiche Wirkung kann man jedoch auf folgende Weise erzielen:

In Abb. 59 ist statt der zwei Schleifringe ein Schleifring angebracht. Dieser Schleifring ist in zwei voneinander isolierte Hälften (Lamellen) *C* und *D* zerlegt. Sie sind mit je einem Ende des Drahtbügels verbunden. Die beiden Bürsten *E* stehen genau gegenüber, die eine oben, die andere unten. Macht der Bügel aus der gezeichneten Lage eine Viertelumdrehung nach rechts, so ändert sich die Stromrichtung. Dies ist durch die gestrichelten Pfeile angedeutet. Gleichzeitig haben aber auch die Lamellen durch die Umdrehung ihre Lage vertauscht. Der Strom fließt daher, ebenso wie vorher, durch die untere Bürste ab. Durch den äußeren Stromkreis geht also ein gleichgerichteter Strom (Gleichstrom). Der so erzeugte Strom ist kein vollkommener Gleichstrom, wie der, den man z. B. einem Element entnehmen kann. Seine Stärke schwankt dauernd von Null bis zu einem größten Wert. Durch eine Zeich= nung kann man ihn als Wellen darstellen, die neben= einandergereiht sind (Abb. 60). Der höchste Punkt jeder Welle entspricht jedesmal der größten Stromstärke. Im tiefsten Punkte jeder Welle ist die Stromstärke gleich Null.

Würde man in den äußeren Strom= kreis einer solchen Dynamomaschine (Abb. 59) eine Glühlampe einschalten, so würde diese abwechselnd aufleuchten und wieder erlöschen. Um einen nahezu gleichmäßigen Strom zu erzielen, bewegt man nicht einen, sondern eine größere Anzahl Drahtbügel zwischen den Polen

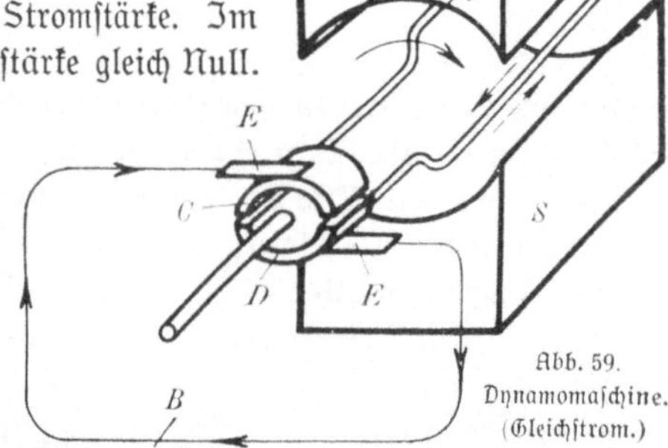



Abb. 59.
Dynamomaschine.
(Gleichstrom.)

eines Magneten. In jeder Schleife wird dann nacheinander ein Strom erzeugt. Diese einzelnen Ströme folgen so schnell aufeinander, daß ein Strom von gleichmäßiger Stärke entsteht. Die einzelnen Drahtbügel oder Drahtschleifen werden hierbei auf einem runden Eisenkern angebracht. Man nimmt hierzu einen Eisenkern, weil die magnetischen Kraftlinien das Eisen leicht durchdringen. Die Luft setzt den Kraftlinien einen großen Widerstand ent= gegen. Der Eisenkern wird aus dünnen Blechen von

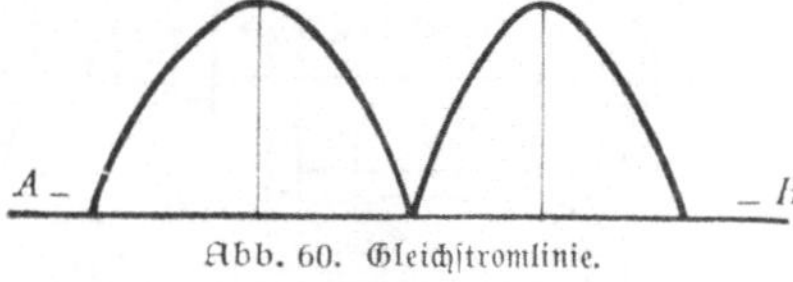



Abb. 60. Gleichstromlinie.

etwa 0,5 mm Stärke zusammengesetzt (Abb. 61). Die einzelnen Bleche sind durch einen Firnisüberzug gegeneinander isoliert. An seinem Umfang ist der Eisenkern mit Nuten

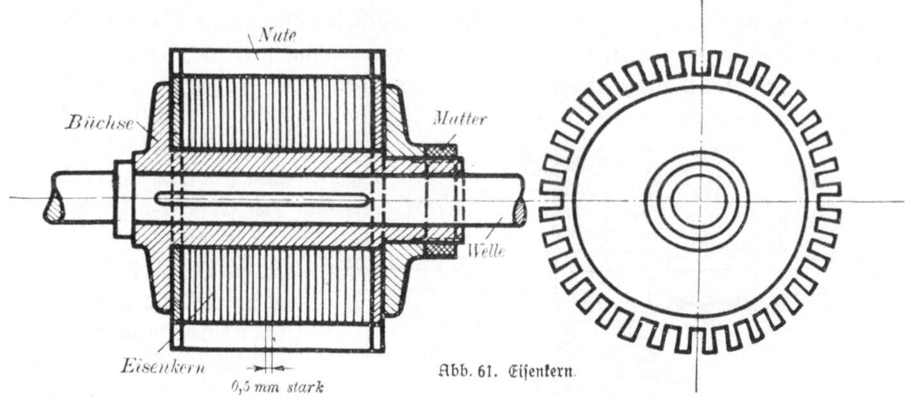



Abb. 61. Eisenkern.

verſehen. In dieſe Nuten werden die gut iſolierten Bügel aus Kupferſtäben oder auch iſolierte Kupferdrähte eingelegt. Abb. 62 zeigt eine Nut, in der drei Kupferdrähte liegen, Abb. 63 eine Nut, die zwei Kupferſtäbe aufnimmt. Die Nuten verengen ſich vielfach

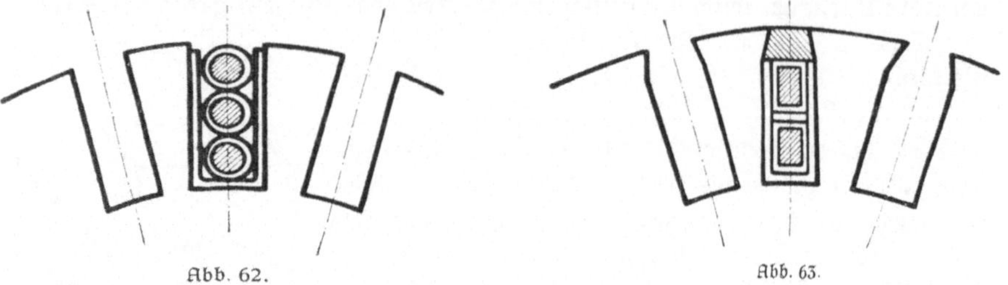

Abb. 62.        Abb. 63.

nach außen (Abb. 63). In dieſe Verengung wird eine Einlage aus iſolierendem Material geſchoben, damit die eingelegten Stäbe oder Drähte durch die Fliehkraft nicht herausgeſchleudert werden. Die Drahtſchleifen nennt man Spulen, und die Spulen insgeſamt bezeichnet man als Wicklung. Die einzelnen Spulen werden gruppenweiſe mit Kupferſtreifen, die man Lamellen nennt, verbunden. Die Lamellen ſind unter ſich iſoliert. Einen ſolchen aus vielen Lamellen und Iſolation beſtehenden Körper nennt man Kollektor

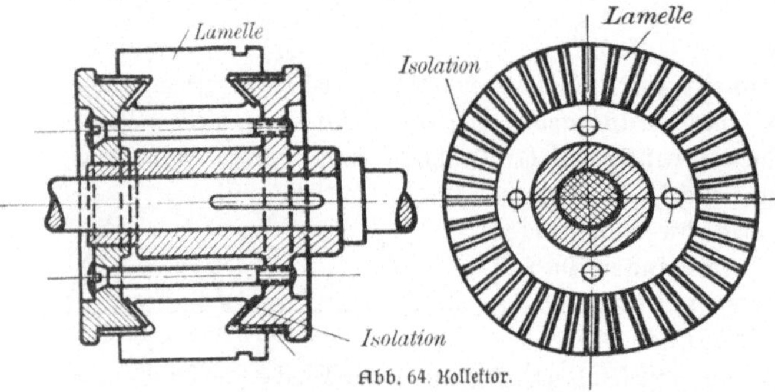

Abb. 64. Kollektor.

(Abb. 64). Er iſt mit dem Eiſenkern auf derſelben Welle befeſtigt. Der Eiſenkern mit Wicklung, Kollektor und Welle wird Anker genannt. Abb. 65 zeigt den Anker einer größeren Dynamomaſchine (Gleichſtromanker), Abb. 65 a das Bild eines kleineren Gleichſtromankers.

**3. Das Magnetfeld der Dynamomaſchine.** Ein wichtiger Teil der Dynamomaſchine iſt das Magnetfeld. Der gewöhnliche Stahlmagnet erzeugt ein ſchwächeres Magnetfeld als der Elektromagnet. Daher verwendet man bei der Dynamomaſchine ſtets Elektromagnete. Zu dieſem Zweck baut man einen Magnetkörper, den man Magnetgeſtell nennt

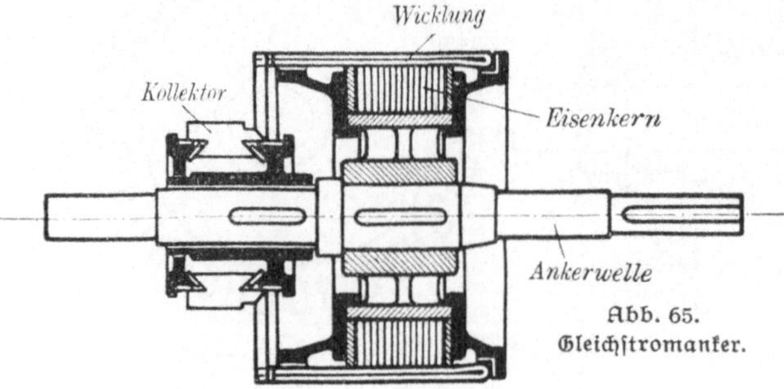

Abb. 65.
Gleichſtromanker.

(Abb. 66 und 66 a). Meiſt iſt das Magnetgeſtell ringförmig und aus Stahlguß oder Gußeiſen hergeſtellt. Der ringförmige Körper hat zwei, vier, ſechs oder auch mehr Polanſätze. Dieſe ſind meiſt angeſchraubt und beſtehen aus Flußeiſen oder Stahl. Die Polanſätze werden mit Polschuhen versehen. Sie sind aus einzelnen Blechen zusammengesetzt, ähnlich wie der Eisenkern des Ankers. Um jeden Pol wird eine Wicklung (Spule) aus isoliertem Kupferdraht gelegt. Damit können die Pole zu Elektromagneten werden. Zu diesem Zweck muß durch ihre Wicklungen (Spulen) Strom hindurchgeschickt werden (S. 50). Diesen Strom kann man von einer besonderen Stromquelle (Batterie oder Dynamo= maschine) entnehmen. Meist wird jedoch der Strom für die Magnete der Dynamo= maschine selbst entnommen. Man geht hierbei von folgendem aus:

Jedes Eisen, das einmal magneti= siert wurde, behält dauernd etwas Magnetismus zurück.

Abb. 65 a. Gleichstromanker.

Wird nun der Anker in dem schwachen magnetischen Felde bewegt, so wird in den Ankerspulen ein schwacher Strom erzeugt. Leitet man diesen Strom durch die Spulen des Magneten, so wird der vorhandene Magnetismus verstärkt. Dadurch ver= stärkt sich der Strom im Anker usf., bis die Maschine schließlich ihre volle Leistung gibt.

**4. Arten der Dynamomaschinen.** Nach der Art des erzeugten Stromes (vgl. S. 52 und 53) unterscheidet man Wechselstrom= und Gleichstrommaschinen. Abb. 67 zeigt eine Dynamomaschine für Gleichstrom.

Die Wechselstrommaschinen sind in ihrem Bau nichts anderes als Gleich= strommaschinen. Nur treten an Stelle des Kollektors Schleifringe, die mit bestimmten Punkten der Wicklung verbunden sind. Bei Wechselstrommaschinen, die Strom von verhältnismäßig niedriger Spannung erzeugen, läßt man ähnlich wie bei Gleichstrom= maschinen den Anker rotieren, der von dem ruhenden Magnetgestell umschlossen wird. Meist soll jedoch Strom von hoher Spannung erzeugt werden. Dann bringt man die Ankerwicklung in dem ruhenden Gestell der Maschine an, während die Magnete in Drehung versetzt werden.

Der bisher besprochene Wechselstrom läßt sich durch eine Wellenlinie nach Abb. 58 S. 52 darstellen. Einen solchen Wechselstrom, der nur e i n e fortlaufende Stromwelle ergibt, nennt man einphasigen Wechselstrom. Er eignet sich für Beleuchtungszwecke.

Für den Antrieb von Motoren bietet er jedoch Schwierigkeiten, da dieselben nicht selbsttätig unter Belastung anlaufen kön= nen. Erst in neuerer Zeit ist es gelungen, gute Motoren für ein= phasigen Wechselstrom zu bauen.

Führt man je= doch mehrere Wechselströme, in der Regel zwei oder drei, in einen ent= sprechend ge=

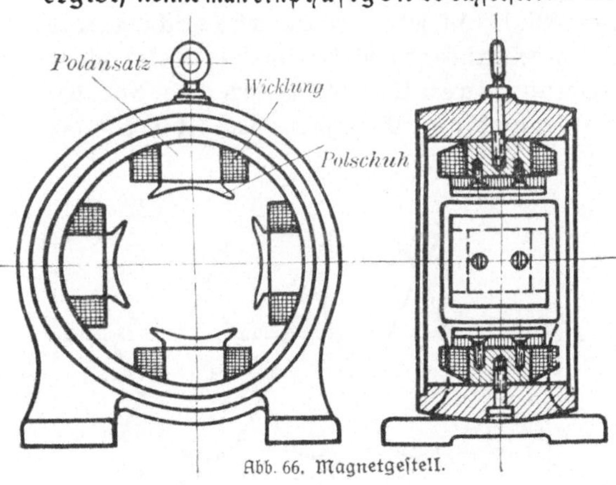



Abb. 66. Magnetgestell.

Abb. 66 a.
Magnetgestell.

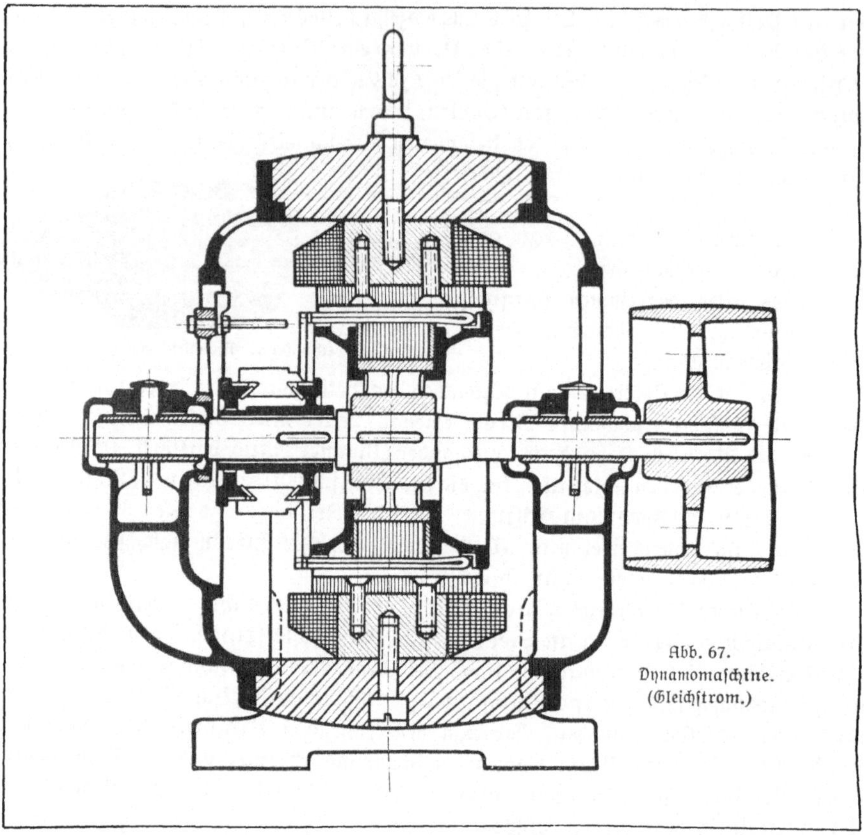

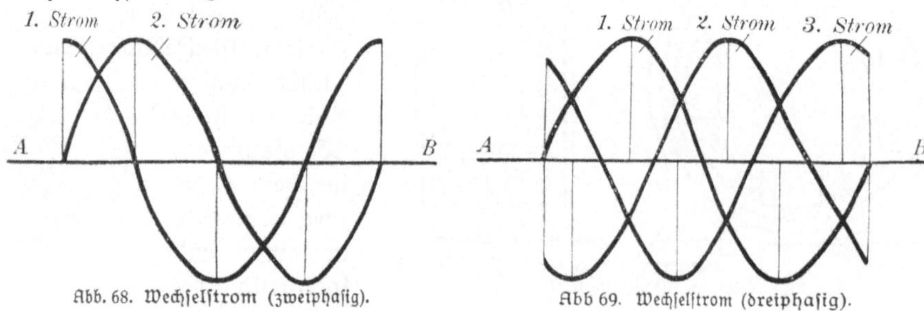

Abb. 67.
Dynamomaschine.
(Gleichstrom.)

bauten Motor ein, so läuft dieser ohne Schwierigkeit bei voller Belastung an. Man
baut daher Wechselstrommaschinen, die zwei oder drei Wechselströme erzeugen. Sie
unterscheiden sich von den Maschinen für einphasigen Strom dadurch, daß der Anker
zwei oder drei gesonderte Wicklungen besitzt. In jeder Wicklung wird nacheinander
ein Strom erzeugt. Die Ströme sind gegeneinander verschoben. Hat der Anker zwei
Wicklungen, so erhält man einen zweiphasigen Wechselstrom nach Abb. 68. Bei
drei Wicklungen erhält man einen dreiphasigen Wechselstrom nach Abb. 69, der
auch Drehstrom genannt wird.



Abb. 68. Wechselstrom (zweiphasig).



Abb 69. Wechselstrom (dreiphasig).

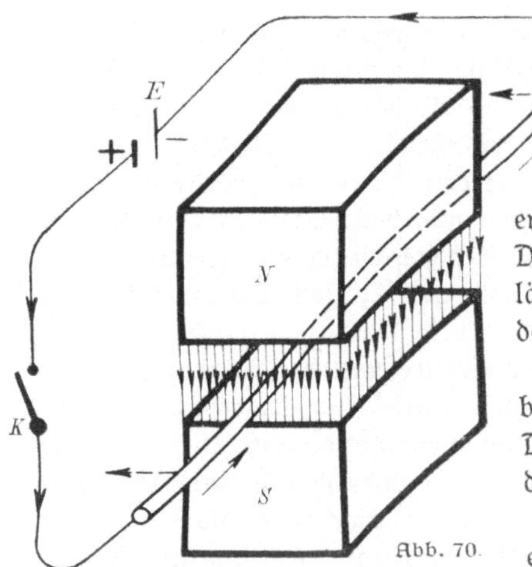

Abb. 70.

Die Gleichstrommaschinen teilt man ein in Hauptschluß=, Nebenschluß= und Doppelschlußmaschinen.

Bei der Hauptschlußmaschine durchfließt der ganze von der Maschine erzeugte Strom die Umwicklung der Magnete. Der Strom, wie er im Anker entsteht, durch= läuft hintereinander die Magnetwicklung und den äußeren Stromkreis.

Die Nebenschlußmaschine besitzt eine besondere Wicklung der Magnete aus dünnem Draht. Durch diese Wicklung fließt nur ein Teil des von der Maschine erzeugten Stromes.

Die Doppelschlußmaschine hat sowohl eine Hauptstrom=, wie auch eine Nebenschluß= wicklung. Sie heißt auch Compound=Maschine.

## g) Der Elektromotor.

**1. Wirkungsweise.** In Abb. 70 sind Nord= und Südpol eines Magneten dar= gestellt. Zwischen den Polen hängt ein Kupferstab. Die Enden desselben sind durch Kupferdrähte an eine Stromquelle E (Element) angeschlossen. Schließt man durch einen Kontakt K den Stromkreis, so fließt durch den Kupferstab ein Strom. Sobald Strom durch den Stab fließt, wird er abgestoßen und bewegt sich in Richtung des gestrichelten Pfeiles. Wird der Stromkreis mit Hilfe des Kontaktes unterbrochen, so hört die Abstoßung und damit die Bewegung des Stabes auf. Wird er wieder ge= schlossen, so tritt die Wirkung wieder ein. Hieraus folgt:

Befindet sich ein stromdurchflossener Leiter in einem magnetischen Felde, so wird der Leiter abgestoßen. Zur Bestimmung der Bewegungsrichtung des Leiters dient folgende Regel:

Man hält die linke Hand so in das Magnetfeld, daß die Kraft= linien in die Handfläche eintreten und die Fingerspitzen die Strom= richtung anzeigen. Der abgespreizte Daumen gibt dann die Be= wegungsrichtung des Leiters an.

Auf dieser Erscheinung beruht die Wirkungsweise des Elektro= motors. Derselbe ist in seinem Bau nichts anderes als eine Dy= namomaschine. Er hat ebenso wie die Dynamomaschine nicht natürliche Magnete, sondern Elektromagnete zur Erzeugung des magnetischen Feldes. Leitet man in den Anker und die Magnet= wicklung einer Dynamomaschine Strom von außen hinein, so werden sowohl der Anker als auch die Spulen der Magnete von ihm durchflossen. Das Magnetfeld übt eine Wirkung auf den stromdurchflossenen Anker aus. Hierdurch kommt der Anker in Bewegung. Er wird sich nicht nur ein Stück bewegen, sondern

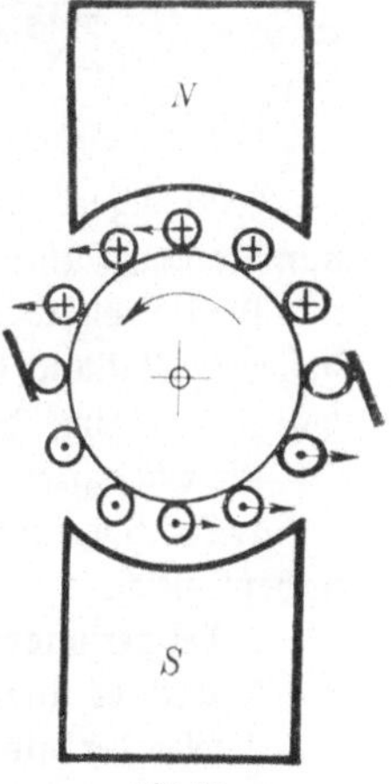

Abb. 71.

er dreht sich, solange Strom von außen in den Anker gesandt wird. Der Anker hat nämlich, wie Abb. 71 zeigt, eine Anzahl Leiterstäbe. Der Strom fließt in der oberen Hälfte des Ankers nach hinten, was durch das +-Zeichen angedeutet ist. In der unteren Ankerhälfte fließt der Strom nach vorne zurück, was durch das -Zeichen angedeutet ist. (Das +- und -Zeichen entspricht dem hinteren und vorderen Teile eines Pfeiles.) Die einzelnen Leiterstäbe kommen nun nacheinander in den Bereich der Magnetpole und werden abgestoßen. Dies ist durch die Pfeile angedeutet. Der Elektromotor nimmt Strom auf und gibt Arbeit ab. Er dient zum Antrieb der verschiedensten Arbeitsmaschinen.

Abb. 72.
Wechselstrommotor. (Drehstrom.)

Abb. 72a. Gleichstrommotor.

**2. Arten der Elektromotoren.** Nach der Art des Stromes, der zum Antrieb dient, unterscheidet man Wechselstrom- und Gleichstrommotoren. Abb. 72 zeigt das Bild eines kleineren Wechselstrommotors, Abb. 72a das Bild eines kleineren Gleichstrommotors.

Die Wechselstrommotoren teilt man ähnlich wie die Wechselstromdynamomaschinen ein in einphasige, zweiphasige und dreiphasige Wechselstrommotoren. Letztere heißen auch Drehstrommotoren.

Die Gleichstrommotoren zerfallen in Hauptschluß-, Nebenschluß- und Doppelschlußmotoren.

Beim Hauptschlußmotor wird die Wicklung der Magnete von demselben Strom wie der Anker durchflossen. Es entspricht dies der Hauptschlußdynamomaschine.

Die wichtigsten Eigenschaften des Hauptschlußmotors sind:

1. Er paßt sich in seiner Tourenzahl der jeweiligen Belastung an. Bei großer Belastung läuft er also langsam, bei kleiner Belastung schnell.

2. Man kann ihn nur da verwenden, wo ein Leerlauf ausgeschlossen ist. Seine Tourenzahl würde sonst zu hoch anwachsen.

3. Er eignet sich besonders für hohe Anzugskräfte, also z. B. für den Antrieb von Kranen, Pumpen, Ventilatoren, Straßenbahnen usw.

Der Nebenschlußmotor hat ebenso wie die Nebenschluß-Dynamomaschine eine besondere Wicklung der Magnete aus dünnem Draht. Durch diese Wicklung fließt nicht der ganze Strom, der dem Motor zugeführt wird, sondern nur ein Teil desselben.

Die wichtigsten Eigenschaften des Nebenschlußmotors sind:

1. Die Spannung und Tourenzahl des Motors bleibt bei allen Belastungen nahezu gleich.

2. Bei geringer Belastung geht der Motor nicht durch.

3. Wird er überlastet, so zieht er weniger gut durch, als der Hauptstrommotor. Infolge der gleichbleibenden Tourenzahl ist er der gebräuchlichste Motor.

Der Doppelschlußmotor ist eine Vereinigung von Hauptschluß- und Neben-

schlußmotor, ähnlich wie die Doppelschluß-Dynamomaschine. Er findet weniger An=
wendung.

**3. Vorzüge des Elektromotors.** Die Vorzüge des Elektromotors im Vergleich
zu anderen Arbeitsmaschinen sind im wesentlichen folgende:

1. Der Elektromotor ist **stets betriebsfertig.** Alle Vorbereitungen für Dampf=
erzeugung, Gaserzeugung usw. fallen fort.

2. Für Betriebe, in denen die Arbeitsmaschinen nicht ständig gebraucht werden,
können Dampfmaschinen, Sauggasmotoren usw. nicht genügend ausgenutzt werden.
Der Elektromotor ist hier **billiger**, denn er erfordert nur Kosten, wenn die Maschinen
arbeiten.

3. Der Elektromotor erfordert wenig **Platz** und kann an jedem beliebigen
Ort leicht aufgestellt werden. Kesselanlage, Generatoranlage usw. fallen fort.

4. Er erfordert wenig **Bedienung** und hat eine **große Betriebssicherheit.**

5. Beim Elektromotor dreht sich nur der Anker. Er braucht also wenig
**Schmierung** und läuft fast **geräuschlos.**

6. Sein Gewicht ist gering, weshalb er besonders für den Antrieb von beweg=
lichen Einrichtungen geeignet ist. (Laufkran.)

7. Bei großen Arbeitsmaschinen kann man den Elektromotor leicht anbauen
und so im Einzelantrieb verwenden.

**4. Wartung des Elektromotors.**

1. Infolge der Luftbewegung, die durch den schnellen Umlauf des Motors
erzeugt wird, verstaubt dieser schnell. Eine regelmäßige Reinigung ist daher un=
bedingt notwendig. Hilfsmittel hierzu sind: Borstenpinsel, Blasebalg oder Luft=
spritze.

2. Die Motoren haben meist Ringschmierlager. Beim Ingangsetzen muß darauf
geachtet werden, daß sich der Schmierring mit der Welle dreht und genügend Öl
mitnimmt. Man verwendet am besten reines Mineralöl. Pflanzenöle (Rüböl,
Baumöl) sind nicht geeignet, da sie meist geringe Mengen Säuren enthalten.

3. Das Öl nimmt bei seinem beständigen Kreislauf mehr und mehr metallische
Verunreinigungen auf. Es wird trübe und grauschwarz. Seine Schmierfähigkeit
wird vermindert, und die Lagertemperatur erhöht sich. Man muß dann das Öl
ablassen, die Ölkammer mit Benzin oder Petroleum reinigen und neues Öl eingießen.

4. Bei Elektromotoren ist eine merkliche Erwärmung der Lager nicht zu ver=
meiden, da sie eine erheblich höhere Umdrehungszahl haben als andere Maschinen.
Man darf daher, auch wenn das Lager reichlich handwarm ist, nicht sogleich auf
einen Fehler in der Maschine schließen. Sehr oft tritt eine übermäßige Erwärmung
durch einen zu straff gespannten Riemen ein.

5. Vor jedem Anlassen soll man sich von dem ordnungsmäßigen Zustande des
Motors und seiner Nebenteile überzeugen, und zwar je nachdem ob es sich um
einen Gleich= oder Wechselstrommotor handelt:

a) ob sich der Anker bzw. der Läufer leicht in den Lagern dreht;

b) ob genügend Öl in den Lagern vorhanden ist;

c) ob die Schmierringe leicht beweglich auf der Achse liegen;

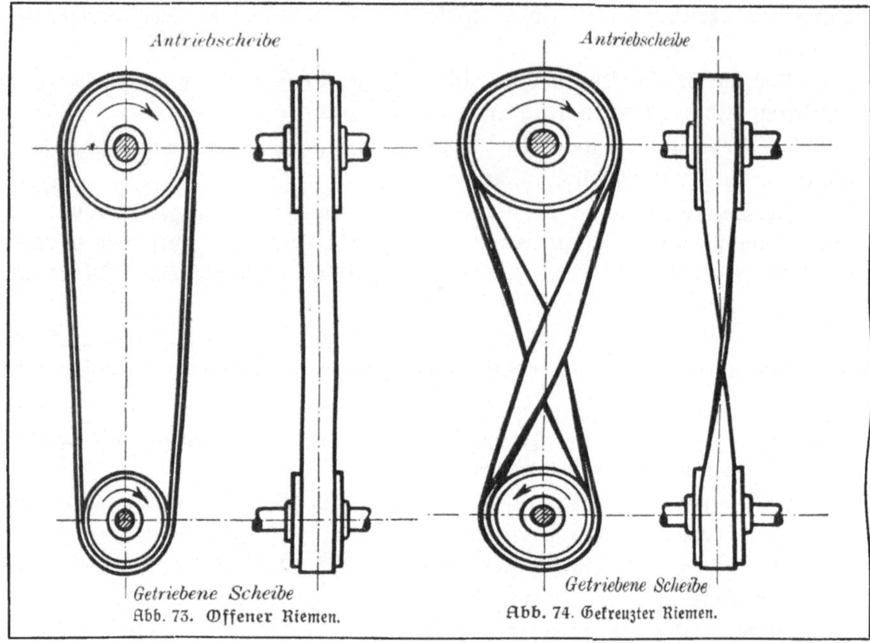



Abb. 73. Offener Riemen.                 Abb. 74. Gekreuzter Riemen.

d) ob die Bürsten gut auf dem Kollektor bzw. auf den Schleifringen aufliegen;

e) ob die Schaltung in Ordnung ist.

6. Beim eigentlichen Anlassen, das gewöhnlich nur im Vorstellen eines Hebels besteht, sind die dafür besonders gegebenen Regeln zu beachten.

## 7. Riementrieb, Seiltrieb und Zahnrädergetriebe.

**a) Allgemeines.** Die drehende Bewegung der Kraftmaschinen muß weitergeleitet und auf die Arbeitsmaschinen übertragen werden. Hierzu benutzt man in der Hauptsache den Riementrieb, den Seiltrieb und die Zahnrädergetriebe. Riemen- und Seiltrieb wirken mittelbar; als Übertragungsmittel dient ein Riemen oder ein Seil. Beim Zahnrädergetriebe greifen die Zähne der Zahnräder ineinander, so daß eine unmittelbare Übertragung stattfindet.

**b) Der Riementrieb.** 1. Beschreibung. Beim Riementrieb sind zwei Riemscheiben durch einen Riemen verbunden. Die eine Scheibe sitzt auf der Antriebwelle, z. B. der Kurbelwelle einer Dampfmaschine, eines Gasmotors, oder auf der Welle eines Elektromotors. Sie heißt Antriebscheibe. Die andere Scheibe sitzt auf der getriebenen Welle, z. B. einer Transmissionswelle, einer Vorgelegewelle, oder auf der Drehspindel der Drehbank (Stufenscheibe). Man nennt sie getriebene Scheibe. Die Antriebscheibe nimmt den Riemen infolge der Reibung mit. Dadurch wird die drehende Bewegung der Antriebwelle auf die getriebene Welle übertragen. Der Riemen kann offen oder gekreuzt sein. Beim offenen Riemen (Abb. 73) drehen sich die beiden Wellen nach **einer** Richtung; beim **ge**kreuzten Riemen (Abb. 74) ist die Drehrichtung der beiden Wellen **entgegengesetzt.**

2. **Anordnung.** Die Antriebwelle und die getriebene Welle sind meist **parallel,** und die Mittelebenen der beiden Scheiben liegen in derselben Ebene (Abb. 73 und 74). Die beiden Wellen können sich jedoch auch kreuzen, so daß die Mittelebenen der Scheiben einen Winkel bilden. Dann hat man einen **geschränkten Riementrieb.** Schließen die Mittelebenen der Scheiben einen Winkel von 90° ein (Abb. 75), so nennt man den Riementrieb **halbgeschränkt.** Beträgt der Winkel 45°, so ist der Riementrieb **viertelgeschränkt.** Bei allen Riementrieben, insbesondere beim geschränkten Riementrieb, müssen die beiden Scheiben so angebracht sein, daß die Mittellinie des **auflaufenden**

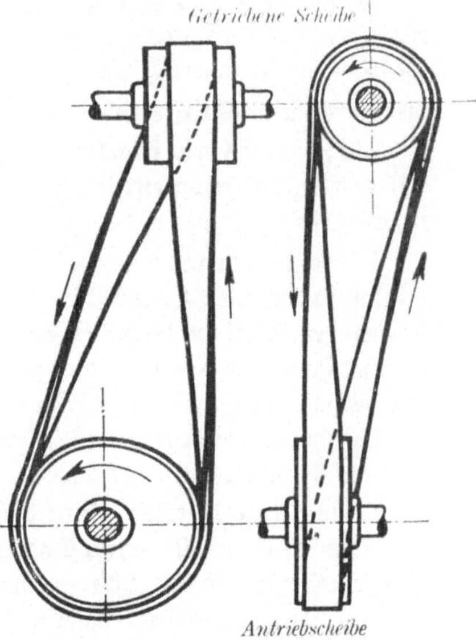

Abb. 75. Geschränkter Riemen.

**Riemens** in die Mittelebene der zugehörigen Scheibe fällt. Der geschränkte Riementrieb läßt nur eine Bewegung in der Pfeilrichtung zu (Abb. 75). Bei entgegengesetzter Drehrichtung springt der Riemen ab. Auch muß die getriebene Scheibe hier sehr breit sein, weil der Riemen beim Lauf auf ihr hin und her wandert. Die genaue Lage der beiden Scheiben stellt man in der Regel durch Ausprobieren fest.

Die drei Riementriebe Abb. 73, 74 und 75 sind **selbstleitend;** d. h. der Riemen führt sich selbst über die beiden Scheiben. Beim **Winkeltrieb** (Abb. 76) sind zur Führung des Riemens noch **zwei Leitrollen** erforderlich. Dadurch wird der Winkeltrieb auch selbstleitend. Mit Hilfe von zwei oder mehreren Leitrollen kann der Riementrieb für jede beliebige Lage der Wellen benutzt werden.

3. **Besondere Angaben für den Riementrieb.**

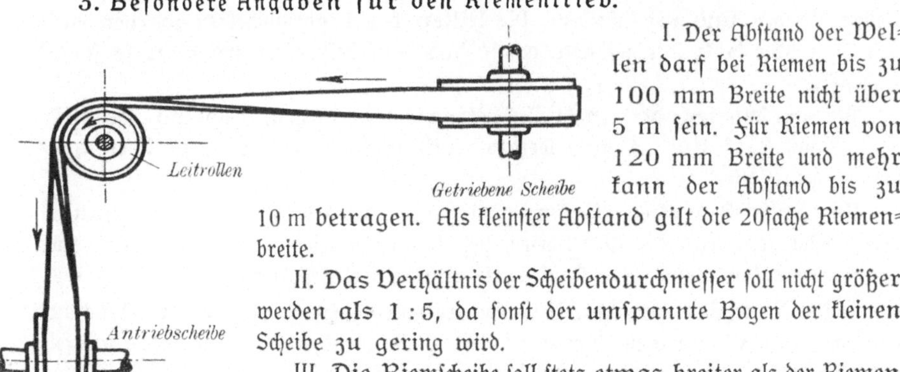

Abb. 76. Winkeltrieb.

I. Der Abstand der Wellen darf bei Riemen bis zu 100 mm Breite nicht über 5 m sein. Für Riemen von 120 mm Breite und mehr kann der Abstand bis zu 10 m betragen. Als kleinster Abstand gilt die 20fache Riemenbreite.

II. Das Verhältnis der Scheibendurchmesser soll nicht größer werden als 1 : 5, da sonst der umspannte Bogen der kleinen Scheibe zu gering wird.

III. Die Riemscheibe soll stets etwas breiter als der Riemen sein, damit der Riemen immer eine gute Auflage hat.

IV. Die getriebenen Scheiben werden meist an ihrem Umfange gewölbt (ballig) gedreht. Durch die Wölbung wird der Riemen genau über die Mitte der Scheibe geführt, weil er sich im Lauf immer auf die höchste Stelle arbeitet. Auch werden kleine Montagefehler durch die Wölbung ausgeglichen.

Alle Antriebscheiben sind nicht gewölbt, sondern flach (zylindrisch) abzudrehen. Bei geschränktem Riementrieb und beim Winkeltrieb sind beide Scheiben flach. Dies ist auch der Fall, wenn der Riemen verschoben werden muß.

V. Die Riemen werden im Betriebe leicht mürbe und brüchig. Sie müssen daher mindestens ein- oder zweimal im Jahre eingefettet werden. Zu diesem Zweck werden sie von den Scheiben heruntergenommen und zunächst durch kräftiges Bürsten mit heißem Wasser gereinigt. Dann nimmt man Fischtran oder Rindertalg und erhitzt ihn bis zum Aufkochen. Die heiße Masse wird mit einer Bürste auf der Innenseite des Riemens aufgetragen, so daß sich die Poren gut vollsaugen. Es ist vorteilhaft, auch die Außenseite einzufetten.

Bei längerem Betrieb gleitet der Riemen oft und zieht nicht mehr gut durch. Dies läßt sich ebenfalls durch Einfetten beheben. Man nimmt ein Stück Rindertalg oder säurefreies Wachs, hält es innen an den Riemen und läßt es von ihm abschleifen. Das Fett dringt dann in die Poren ein, wodurch der Riemen anschwillt und kürzer wird. Die Folge davon ist, daß er besser durchzieht.

Der Riemen soll nicht mit Harz oder Kolophonium eingerieben werden. Er zieht dann im Anfange wohl besser durch. Nach kurzer Zeit wird die Masse jedoch fest und glatt, wodurch der Riemen dann schlechter zieht als vorher; auch wird er schneller brüchig.

**c) Der Seiltrieb.** Oft ist der Abstand der Antriebwelle von der getriebenen Welle sehr groß, so daß der Riemen sehr lang wird. Vielfach sind auch große Kräfte zu übertragen, wodurch der Riemen sehr breit und dick sein muß. In diesen Fällen wird der Riemen zu kostspielig. Man verwendet dann an Stelle des Riemens Seile für die Kraftübertragung. Die Seile werden entweder aus Eisen- oder Gußstahldraht oder aus Hanf hergestellt. Demnach unterscheidet man Drahtseil- und Hanfseiltriebe. Für den Seiltrieb benutzt man Scheiben, die an ihrem Umfange mit Rillen versehen sind (Seilscheiben). Die Rillen der Drahtseilscheiben werden meist mit Leder oder Holz ausgefüttert, damit das Seil besser faßt und nicht so schnell verschleißt.

Der Durchmesser der Drahtseile beträgt 10—30 mm, während Hanfseile 30—60 mm stark sind. Letztere werden auch vielfach nicht rund, sondern quadratisch hergestellt.

Beim Seiltrieb müssen die Antriebwelle und die getriebene Welle so parallel wie möglich sein und die Mittelebenen der beiden Scheiben zusammenfallen. Für einen geschränkten Trieb oder Winkeltrieb eignen sich Seile nicht.

**d) Die Zahnrädergetriebe.** Um eine drehende Bewegung von einer Welle auf eine andere zu übertragen, benutzt man auch Zahnräder. Die Zahnräder greifen mit ihren Zähnen ineinander, wodurch eine zwangläufige und gleichförmige Übertragung zustande kommt.

Beim Riemen= und Seiltrieb ist die Übertragung nicht immer gleichförmig. Oft tritt z. B. eine Überlastung der getriebenen Welle und damit ein Gleiten des Riemens ein. Die getriebene Welle wird dann nicht gleichförmig gedreht.

Die Zahnrädergetriebe werden meistens angewandt, um zweckmäßige Umdrehungs= zahlen bei den einzelnen Maschinen zu erreichen. Man findet sie daher bei fast allen Arbeitsmaschinen, z. B. der Drehbank, der Bohrmaschine, der Fräsmaschine, der Hobel= maschine usw. Auch die Kraftmaschinen sind mehr oder weniger mit Zahnräder= getrieben versehen.

(Rechnerische Betrachtung der Riemen= und Zahnrädergetriebe siehe Rechenbuch für Maschinenbauerklassen von Uhrmann und Schuth, Verlag v. B. G. Teubner, Leipzig.)

# B. Die Hebezeuge.

## a) Allgemeines.

Hebezeuge dienen dazu, Gegenstände zu heben, zu senken oder von einer Stelle zur andern zu befördern. Das einfachste Hebezeug ist der Arm des Menschen. Er hebt durch die Kraft der Muskeln. Sind Gegenstände von großem Gewicht zu heben, so reicht die Kraft des Menschen nicht aus. Oft müssen die Gegenstände auch auf große Höhen gehoben werden, so daß die Körperlänge des Menschen nicht ausreicht. Man baut deshalb Vorrichtungen und Maschinen, die die menschliche Kraft ergänzen oder ganz ersetzen. Viele Arbeiten lassen sich ohne Hebezeug nicht ausführen, z. B. die Montage schwerer Maschinen. Die Hebezeuge werden daher im Maschinenbau sehr viel angewandt.

### b) Die Grundmaschinen der Hebezeuge.

Jede größere Maschine besteht immer aus Hauptteilen, die man Elementar= oder Grundmaschinen nennt. Bei den Hebe= maschinen sind diese Grundmaschinen die wichtigsten Teile. Die Hebezeuge haben zwei Grundmaschinen, die näher besprochen wer= den sollen. Diese sind der Hebel und die schiefe Ebene.

**1. Der Hebel.** Der Hebel hat den Zweck, die Wirkung einer Kraft zu verändern, und zwar entweder ihre Größe oder ihre Rich= tung oder beides. In den meisten Fällen soll die Wirkung der Kraft durch den Hebel er= höht werden. Man unterscheidet bei jedem Hebel den Unterstützungs= oder Drehpunkt $C$ und die Angriffspunkte der Last und Kraft $A$ und $B$ (Abb. 77, 78, 79). Die Ent=

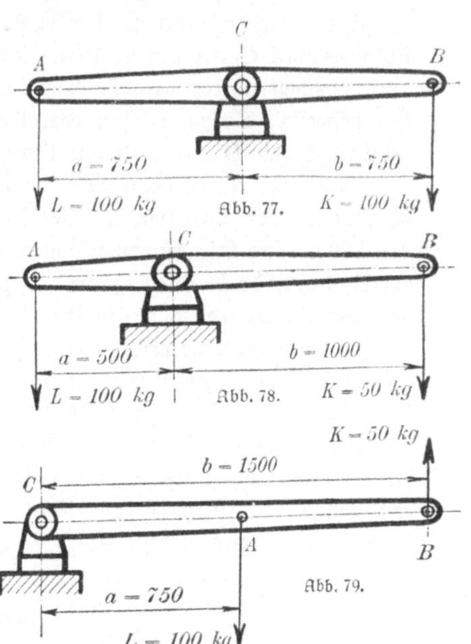

fernungen vom Unterſtützungspunkte bis zu den Angriffspunkten nennt man Hebel=
arme. In den Abb. 77, 78 und 79 iſt jedesmal *a* der Laſtarm und *b* der
Kraftarm.

Gleicharmiger Hebel. Liegt der Unterſtützungspunkt *C* eines Hebels zwiſchen
den Angriffspunkten *B* und *C*, ſo iſt der Hebel zweiarmig (Abb. 77 und 78).
Sind beide Arme gleich lang, ſo iſt der Hebel auch gleicharmig (Abb. 77). Hängt
man im Punkte *A* des Hebels eine Laſt von 100 kg auf, ſo wird eine Kraft von
100 kg im Punkte *B* dieſer Laſt das Gleichgewicht halten. Hieraus folgt das Geſetz:

Der gleicharmige Hebel iſt im Gleichgewicht, wenn Kraft und Laſt
einander gleich ſind.

Ungleicharmiger Hebel. Der in Abb. 78 dargeſtellte Hebel hat ungleiche Arme,
er iſt daher ein ungleicharmiger Hebel. Im Punkte *A* ſoll eine Laſt von 100 kg
hängen. Der Kraftarm *b* iſt doppelt ſo groß als der Laſtarm *a*. Wirkt im Punkte *B*
eine Kraft von 50 kg, ſo hält die Kraft der Laſt von 100 kg das Gleichgewicht.

Die Kraft iſt alſo nur halb ſo groß als die Laſt. Wäre der Kraftarm drei=
oder viermal ſo groß als der Laſtarm, ſo brauchte die Kraft nur ein Drittel oder
ein Viertel ſo groß zu ſein als die Laſt uſw.

Vervielfacht man noch (Abb. 78) Laſt mit Laſtarm und Kraft mit Kraftarm,
ſo erhält man:

100 · 500 = **50000** und 50 · 1000 = **50000**. In beiden Fällen ergibt ſich
alſo 50000.

Hieraus folgt das Geſetz:

Der ungleicharmige Hebel iſt im Gleichgewicht, wenn Kraft mal
Kraftarm gleich Laſt mal Laſtarm iſt.

Einarmiger Hebel. Der in Abb. 79 dargeſtellte Hebel hat ſeinen Unter=
ſtützungspunkt *C* an einem Ende. Kraft und Laſt greifen auf derſelben Seite vom
Unterſtützungspunkte an. Er iſt alſo einarmig. Laſtarm *a* und Kraftarm *b* decken
ſich teilweiſe. Beide reichen vom Unterſtützungspunkte *C* bis zu den Angriffs=
punkten *A* und *B* der Laſt und Kraft.

Im Punkte *A* ſoll eine Laſt von 100 *kg* hängen. Der Kraftarm *b* iſt doppelt
ſo groß als der Laſtarm *a*. Eine Kraft von 50 *kg* im Punkte *B* wird der Laſt
von 100 *kg* das Gleichgewicht halten. Die Kraft iſt alſo nur halb ſo groß. Wäre
der Kraftarm drei= oder viermal ſo groß als der Laſtarm, ſo brauchte die Kraft
auch nur ein Drittel oder ein Viertel ſo groß zu ſein als die Laſt uſw.

Für den einarmigen Hebel gilt das gleiche Geſetz wie für den ungleicharmigen Hebel:

Der einarmige Hebel iſt im Gleichgewicht, wenn Kraft mal Kraft=
arm gleich Laſt mal Laſtarm iſt.

2. **Die ſchiefe Ebene.** Eine Ebene, die unter
einem Winkel gegen die wagerechte Richtung ſteigt
oder fällt, nennt man ſchiefe Ebene. Denkt man
ſich die ſchiefe Ebene durchſchnitten,
ſo bildet ſie ein rechtwinkliges Dreieck
*A B C* (Abb. 80). Die Seite *A C* wird
die Grundlinie und die Seite *B C*

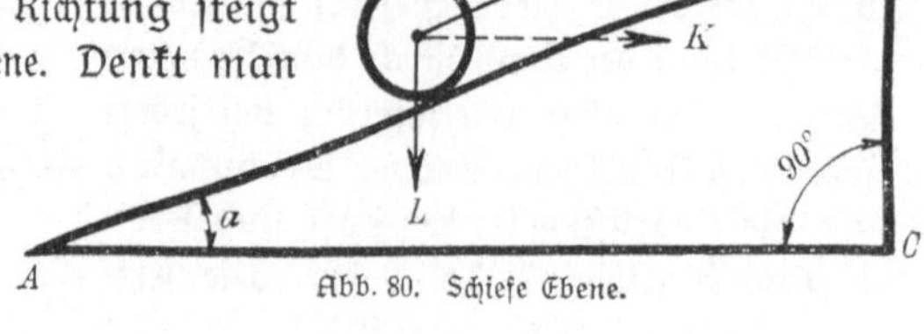

Abb. 80. Schiefe Ebene.

die Höhe genannt. Der Winkel *a*, den die schiefe Ebene mit der Grundlinie bildet, heißt Neigungswinkel.

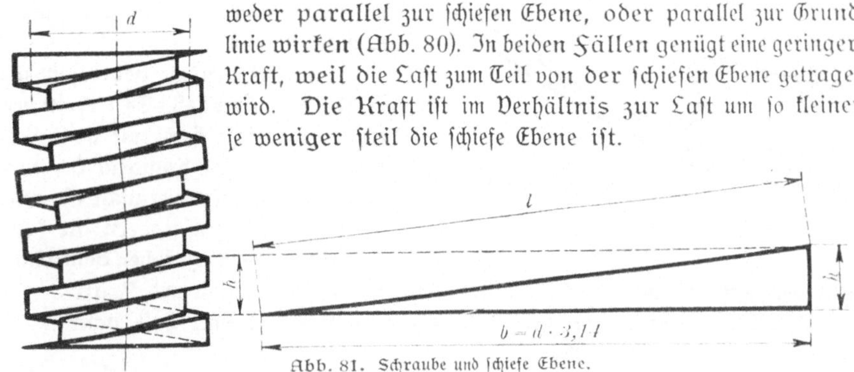

Abb. 81. Schraube und schiefe Ebene.

weder parallel zur schiefen Ebene, oder parallel zur Grundlinie wirken (Abb. 80). In beiden Fällen genügt eine geringere Kraft, weil die Last zum Teil von der schiefen Ebene getragen wird. Die Kraft ist im Verhältnis zur Last um so kleiner, je weniger steil die schiefe Ebene ist.

**3. Die Schraube.** Bei der Schraube bilden die um den Bolzen herumgeführten Gewindegänge eine schiefe Ebene. Denkt man sich, wie Abb. 81 zeigt, einen Gewindegang vom Bolzen abgewickelt, so erhält man die schiefe Ebene als ein Dreieck. Die Höhe *h* des Dreiecks ist die Steigung des Gewindes. Die Grundlinie *b* ist gleich dem Umfang des Gewindes, also gleich *d* · 3,14. Hierbei ist *d* der mittlere Durchmesser des Gewindes. Die Länge des Gewindeganges ergibt sich aus der schiefen Seite *l* des rechtwinkligen Dreiecks.

Die Schraube kommt immer in Verbindung mit einem Schlüssel, einem Hebel usw. zur Anwendung. Damit wirkt die Kraft parallel zur Grundlinie der schiefen Ebene.

## c) Einteilung der Hebemaschinen.

Die Hebemaschinen haben oft außer dem Heben und Senken eines Gegenstandes in senkrechter Richtung auch noch die Fortbewegung desselben in wagerechter Richtung auszuführen. Nach den Bewegungen, die mit einem Hebezeug möglich sind, kann man folgende Arten unterscheiden:

1. Mit dem Hebezeug läßt sich nur eine senkrechte Bewegung ausführen. (Hebeeisen, Flaschenzug, Winde, Aufzug.)

2. Mit dem Hebezeug läßt sich außer der senkrechten noch eine wagerechte, kreisförmige Bewegung ausführen. (Drehkran.)

3. Mit dem Hebezeug läßt sich neben der senkrechten noch eine wagerechte, geradlinige Bewegung ausführen. (Laufkran.)

## d) Die wichtigsten Hebemaschinen.

**1. Das Hebeeisen.** Das Hebeeisen ist das einfachste Hebezeug. Als Hebeeisen kann jede Eisenstange benutzt werden. Die besonders angefer-

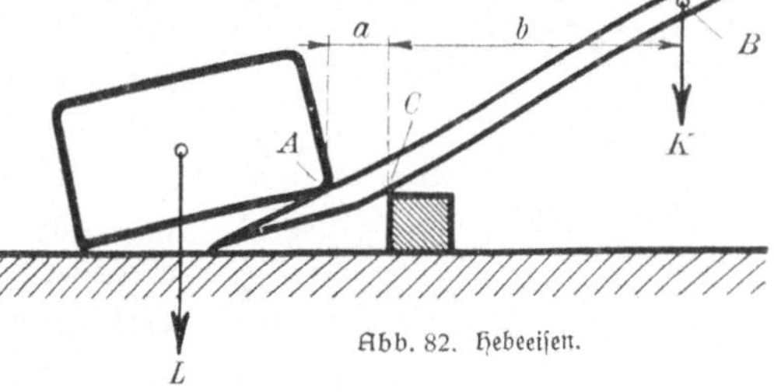

Abb. 82. Hebeeisen.

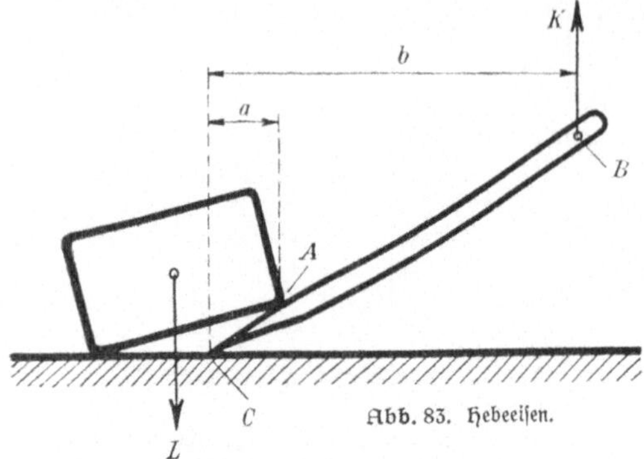

Abb. 83. Hebeeisen.

tigten Hebeeisen sind etwa 30—50 mm stark und 1—2 m lang. An einem Ende sind sie meist zugespitzt, so daß sie leichter unter die Lasten geschoben werden können.

Abb. 82 zeigt das Hebeeisen zum Anheben einer Last. Es ist ein ungleicharmiger Hebel mit dem Lastarm *a* und dem Kraftarm *b*. Last- und Kraftarm sind hier nicht die wirklichen Hebellängen, sondern die senkrechten Abstände zwischen dem Unterstützungspunkte *C* und den Angriffspunkten *A* und *B* der Last und Kraft.

In Abb. 83 wird das Hebeeisen zum Umwenden einer Last benutzt. Es wirkt als einarmiger Hebel.

Mit dem Hebeeisen lassen sich Lasten nur auf geringe Höhen anheben. Es dient hauptsächlich zum Anheben eines Stückes, wenn z. B. Rollen zum weiteren Fortschieben desselben untergelegt werden sollen, oder wenn ein Seil oder eine Kette zum Anhängen an einen Kran um das Stück gelegt werden soll.

**2. Die feste und lose Rolle.** Die einfachste Vorrichtung, um Lasten auf größere Höhen zu heben, bildet die Rolle. Eine Rolle ist eine kreisförmige Scheibe, die um ihren Mittelpunkt drehbar ist. Der Umfang der Rolle ist zur Aufnahme eines Seiles oder einer Kette rillenartig vertieft.

Man unterscheidet feste und lose Rollen. Abb. 84 zeigt die feste Rolle. Sie kann auf einer festen Achse drehbar sein oder in einer festen Schere hängen. Um die Rolle ist ein Seil geschlungen. An dem einen Ende des Seiles hängt z. B. eine Last von 100 kg. Dann hält an dem anderen Ende des Seiles eine Kraft von 100 kg dieser Last das Gleichgewicht.

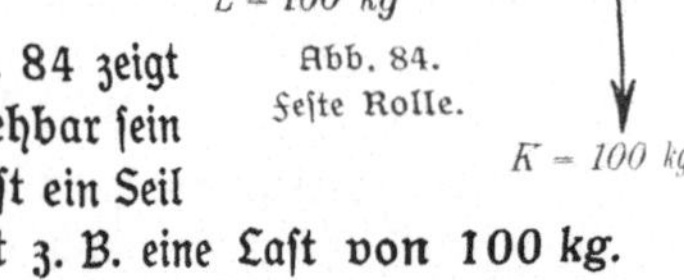

Abb. 84.
Feste Rolle.

Die Wirkung der festen Rolle läßt sich auf den gleicharmigen Hebel zurückführen. Der Unterstützungspunkt des Hebels liegt im Mittelpunkt *C* der Rolle. Die Angriffspunkte der Last und Kraft fallen mit den Punkten *A* und *B* am Umfange der Rolle zusammen. Kraft- und Lastarm sind gleich dem Halbmesser der Rolle. Bei der festen Rolle ist die Kraft also immer gleich der Last. Es findet daher keine Ersparnis an Kraft, sondern eine Richtungsänderung derselben statt. In Abb. 85 ist neben der festen Rolle *A* noch eine lose Rolle *B* angebracht. Die lose Rolle kann neben der drehenden noch eine fortschreitende Bewegung ausführen.

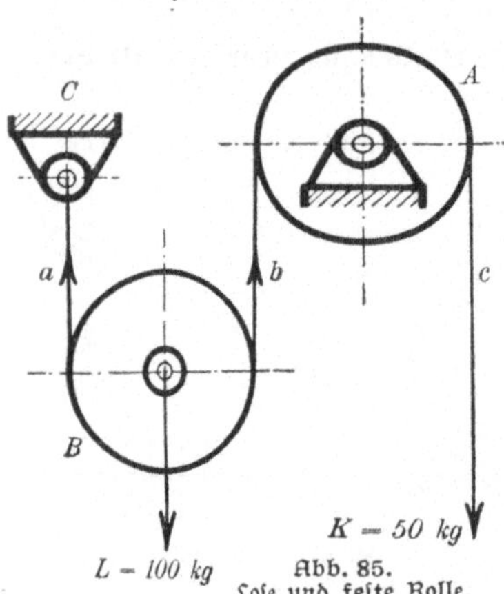

Abb. 85.
Lose und feste Rolle.

Um die fefte und lofe Rolle ift ein Seil gefchlungen. An dem einen Ende des Seiles greift die Kraft an. Das andere Ende ift im Punkte C feft aufgehängt. Die Laft L hängt an der lofen Rolle. Beträgt die Laft z. B. 100 kg, fo kann man diefe mit einer Kraft von 50 kg hochziehen. Die Kraft ift alfo bei Benutzung einer lofen Rolle nur halb fo groß, als die Laft. Dies erklärt fich wie folgt:

Die Seilftücke a und b haben je die Hälfte der Laft, gleich 50 kg zu tragen. Die eine Hälfte der Laft im Seilftück a wird von dem feften Punkte C aufgenommen. Somit ift beim Hochziehen nur noch die andere Hälfte der Laft im Seilftück b zu überwinden. Das Seilftück b geht weiter über die fefte Rolle A. Kraft und Laft find aber bei der feften Rolle gleich. Demnach muß die Kraft im Seilftück c gleich der Laft im Seilftück b fein. Die Kraft K ift alfo halb fo groß wie die eigentliche Laft, gleich 50 kg. Die fefte und lofe Rolle benutzt man hauptfächlich bei Bauten zum Heben geringer Laften auf große Höhen.

**3. Die Flafchenzüge.** Durch Vereinigung einer feften mit einer lofen Rolle läßt fich die Kraft für das Heben einer Laft auf die Hälfte der Laft verringern. Will man diefen Vorteil noch weiter ausnutzen, fo verbindet man mehrere fefte und lofe Rollen zu einem Rollen- oder Flafchenzug. Man unterfcheidet verfchiedene Arten von Flafchenzügen. Die wichtigften find:

Der gewöhnliche Flafchenzug, der Differential-Flafchenzug und der Schraubenflafchenzug.

a) **Der gewöhnliche Flafchenzug.** Der gewöhnliche Flafchenzug ift in Abb. 86 dargeftellt. Er befteht aus einem oberen Kloben oder einer Flafche A. In diefer Flafche find mehrere fefte Rollen drehbar gelagert. Die untere Flafche B hat ebenfo viele lofe Rollen. Oft trägt fie auch eine Rolle weniger, als fefte Rollen vorhanden find. Die obere Flafche wird an einem feften Punkte C aufgehängt. Am unteren Ende der Flafche ift ein Seil befeftigt. Diefes wird mit der unteren Flafche fo verbunden, daß je zwei gleichliegende fefte und lofe Rollen von einer Seilfchleife umfaßt werden. An einem Haken der unteren Flafche hängt die Laft L. Die Kraft K zum Hochziehen der Laft greift an dem freien Seilende an.

Hängt an dem in Abb. 86 dargeftellten

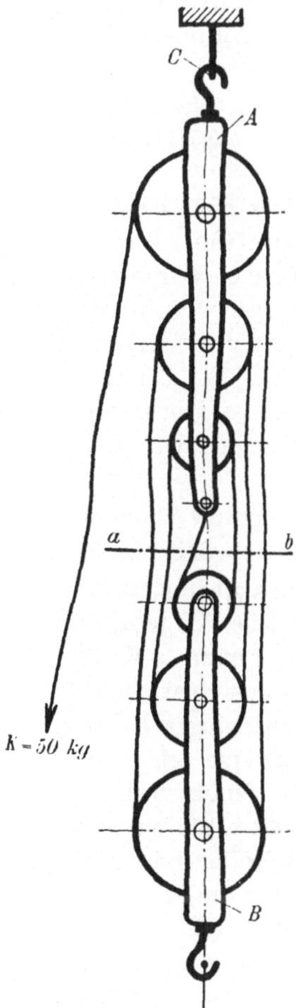

Abb. 86.
Gewöhnlicher Flafchenzug.

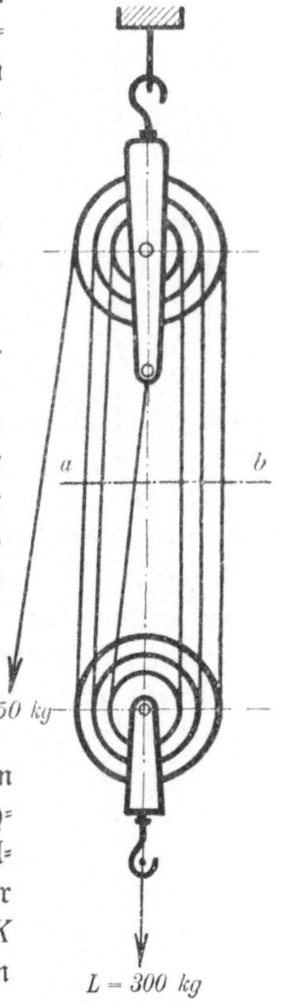



Abb. 87. Gewöhnlicher Flafchenzug.

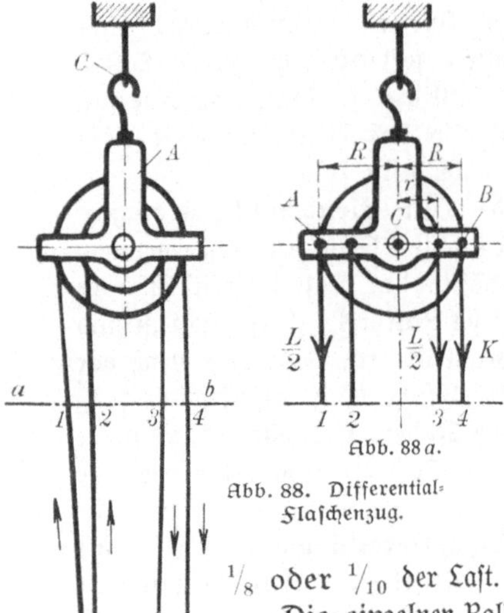

Abb. 88a.

Abb. 88. Differential-
Flaschenzug.

Flaschenzug eine Last von z. B. 300 kg, so kann eine Kraft von 50 kg diese Last hochziehen.

Die Kraft beträgt also nur ein Sechstel der Last. Dies erklärt sich wie folgt:

Denkt man sich bei $a{-}b$ einen Schnitt durch den Flaschenzug gelegt, so werden sechs Seile durchschnitten. Die Last verteilt sich demnach auf sechs Seile. Jedes Seil nimmt also ein Sechstel der Last auf. Das freie Seilende ist die Verlängerung des sechsten Seiles über die obere feste Rolle. Da bei der festen Rolle die Kraft gleich der Last ist, beträgt die aufzuwendende Kraft 50 kg.

Hat der Flaschenzug acht oder zehn Rollen, so beträgt die Kraft für das Hochziehen nur $^1/_8$ oder $^1/_{10}$ der Last.

Die einzelnen Rollen können entweder in der Höhe übereinander (Abb. 86), oder nebeneinander angeordnet werden, wie Abb. 87 zeigt. Sie sind dann in der oberen und unteren Flasche auf einem gemeinsamen Bolzen gelagert. In Abb. 87 sind die Rollen mit verschiedenen Durch= messern gezeichnet, um den Lauf des Seiles besser zeigen zu können. In Wirklichkeit haben die Rollen gleichen Durchmesser. Bei der An= ordnung der Rollen nach Abb. 86 nehmen die beiden Flaschen in der Höhe viel Raum fort. Die Hubhöhe wird dadurch beschränkt. Der Flaschenzug Abb. 87 hat eine größere Hubhöhe.

b) Der Differential=Flaschenzug. Der gewöhnliche Flaschen= zug hat einen großen Nachteil. Läßt der Arbeiter das Seil los, so stürzt die Last ab. Man baut deshalb Flaschenzüge, bei denen die Last in jeder be= liebigen Höhe hängen bleibt, ohne daß am Seil gezogen oder dasselbe festgehalten wird. Ein solcher Flaschenzug wird Differential=Flaschenzug genannt. Er ist in Abb. 88 dargestellt. In seiner einfachen Ausführung besteht er aus einer oberen Flasche A. In dieser Flasche sind zwei fest miteinander verbundene Rollen von verschiedenem Durchmesser gelagert. Die untere Flasche B trägt eine lose Rolle. Um die drei Rollen ist ein Seil ohne Ende, d. h. ein in sich zurücklaufendes Seil, ge= schlungen. Meist benutzt man an Stelle des Seiles eine Kette. Die obere Flasche wird an einem festen Punkte C aufgehängt. An einem Haken der unteren Flasche hängt die Last L. Die Kraft K zum Heben oder Senken der Last wirkt entweder an dem einen oder anderen Ende der herunterhängenden Seil= oder Kettenschleife.

Denkt man sich bei $a{-}b$ einen Schnitt durch den Flaschenzug gelegt, so werden vier Kettenstücke durchschnitten. Der Lauf der einzelnen Kettenstücke für das Heben der Last ist durch Pfeile angedeutet. Damit nun nach dem Durchschnitt die Last nicht niedersinkt, muß an den Kettenstücken 1 und 3 je eine Kraft, gleich der Hälfte der Last, angreifen. Die Kettenstücke werden also mit je $\frac{L}{2}$ belastet. Am Kettenstück 4 greift die Kraft *K* an, während das Kettenstück 2 ohne Belastung ist. In Abb. 88 a ist die obere Flasche *A* mit den vier abgeschnittenen Kettenstücken nochmals besonders gezeichnet. Nach dieser Abbildung halten sich die drei Kräfte $\frac{L}{2}$, $\frac{L}{2}$ und *K* an dem Hebel *A C B* das Gleichgewicht. Der Radius der großen Rolle sei *R*, der kleinen Rolle *r*. Dann ist nach dem Gesetz für den ungleicharmigen Hebel:

$$\frac{L}{2} \cdot R = \frac{L}{2} \cdot r + K \cdot R.$$

Hieraus ersieht man, daß die Kraft *K* sehr klein wird, wenn der Unterschied der beiden Rollenradien sehr klein ist. Wirkt die Kraft *K* nicht mehr am Kettenstück 4, so müßte nach dem Hebelgesetz die Last *L* sinken. Das Sinken würde um so eher er= folgen, je größer der Unterschied der beiden Rollenradien ist. Die beiden Rollen sind je= doch beim Differential=Flaschenzug nahezu gleich groß. Außerdem treten in dem Flaschenzug Reibungswiderstände auf, die überwunden werden müssen. Dadurch ist es nicht möglich, daß die Last durch ihr Eigengewicht beim Aufhören der Kraft *K* sinkt. Der Flaschenzug bleibt mit der Last stehen. Er ist selbsthemmend.

c) **Der Schraubenflaschenzug.** Abb. 89 zeigt einen Schraubenflaschenzug. Die Schraubenflaschenzüge sind meist mit einer besonderen Vorrichtung für die Selbsthemmung versehen.

d) **Anwendung der Flaschenzüge.** Die verschie= denen Flaschenzüge werden viel angewandt. In der Werkstatt braucht man sie zum Anheben schwerer Teile beim Aufspannen, Umspannen und Abspannen auf Werkzeugmaschinen. Bei der Montage größerer Maschinen sind sie unentbehrlich. Außerdem finden die Flaschenzüge bei Bauten eine ausgedehnte Verwendung.

**4. Die Winden.** Wird die zu hebende Last sehr groß, oder ist ein Flaschenzug nicht anzubringen, so benutzt man eine Winde. Die hauptsächlichsten Winden sind:

Die Zahnstangenwinde, die Schraubenwinde, die Kur= belwinde und die Zahnräderwinde.

a) **Die Zahnstangenwinde.** In Abb. 90 ist eine Zahnstangenwinde dargestellt. Sie besteht aus einer kräf= tigen Zahnstange *A*, die in einem Gehäuse *B* geführt ist. Die Last ruht auf einem Horn am Kopfende der Zahnstange. Oft befindet sich auch am Fußende ein seitliches Horn zum Auflegen der Last. In die Zahn= stange greift ein Zahnrad *C* ein. Dieses wird mittels der Kurbel *D* gedreht. Dadurch kann die Zahnstange mit der Last gehoben oder gesenkt werden. Eine Sperr= klinke verhindert das selbsttätige Zurückgehen der Last. Die Wirkung der Winde beruht auf der Wirkung eines

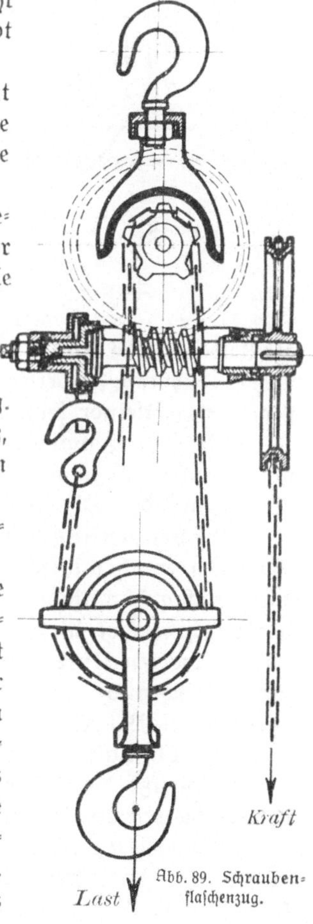


Abb. 89. Schrauben= flaschenzug.

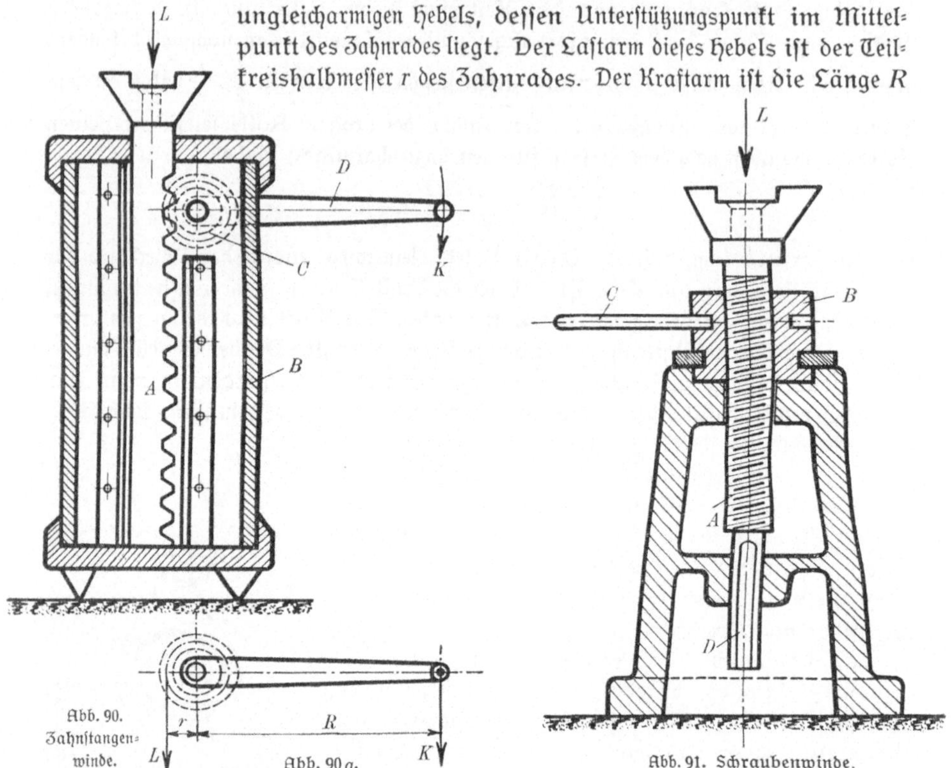



ungleicharmigen Hebels, dessen Unterstützungspunkt im Mittel=
punkt des Zahnrades liegt. Der Lastarm dieses Hebels ist der Teil=
kreishalbmesser $r$ des Zahnrades. Der Kraftarm ist die Länge $R$

der Kurbel. (Siehe Abb. 90 a.) Vielfach baut man für den Antrieb der Zahnstange
nicht ein Zahnrad, sondern ein Zahnrädervorgelege ein. Dabei kann dann die Kraft $K$
noch erheblich kleiner sein.

Die Zahnstangenwinde wird zum einseitigen Anheben schwerer Werkstücke ge=
braucht, wenn z. B. an einer Stelle etwas unterlegt werden soll. Meist dient sie jedoch
als Wagenwinde. Die Hubhöhe der Winde ist klein. Sie beträgt 300—500 mm.

b) Die Schraubenwinde. Abb. 91 zeigt eine Schraubenwinde. Die Last ruht auf
einem Horn der Schraubenspindel. Durch Drehen an der Mutter $B$ mit Hilfe des Hebels $C$
wird die Schraubenspindel $A$ mit der Last gehoben oder gesenkt. Damit die Schrauben=
spindel sich hierbei nicht dreht, ist sie an ihrem unteren Ende mit einer Nute $D$
versehen. In diese Nute greift ein Keil ein. Beim Drehen der Mutter kommt die schiefe
Ebene der Schraube zur Wirkung. Die Kraft wird besser übersetzt als bei der Zahn=
stangenwinde. Bei richtiger Wahl der Gewindesteigung besitzt die Winde Selbst=
hemmung. Die Last kann also nicht von selbst zurückgehen.

Man benutzt die Schraubenwinde hauptsächlich zum Anheben von Lokomotiven,
Kesseln, schweren Maschinenteilen usw. auf geringe Höhen.

c) Die einfache Kurbelwinde. Die Kurbelwinde, auch Wellrad genannt,
ist in Abb. 92 dargestellt. Sie besteht aus einer Welle $A$, auf der eine Handkurbel
$B$ befestigt ist. Die Welle ist in zwei Böcken $C$ drehbar gelagert. Auf der Welle

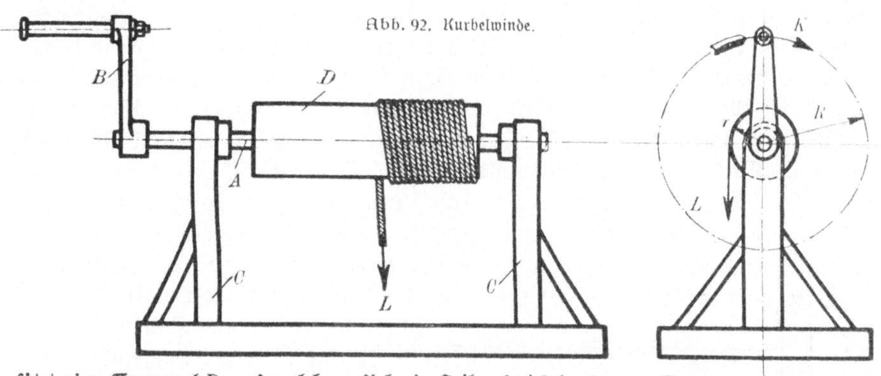

Abb. 92. Kurbelwinde.

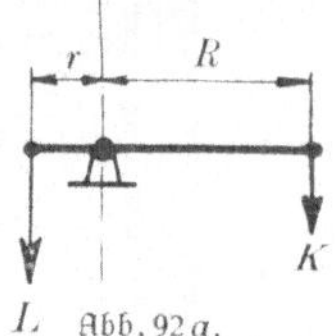

Abb. 92a.

sitzt eine Trommel *D*, auf welcher sich ein Seil aufwickeln kann. Das Seilende nimmt die Last *L* auf. Die Kraft *K* wirkt an der Kurbel, so daß durch Drehen an der Kurbel die Last gehoben oder gesenkt wird.

Die Wirkung der Kurbelwinde läßt sich auf den ungleicharmigen Hebel zurückführen (Abb. 92a). Der Unterstützungspunkt des Hebels liegt im Mittelpunkt der Welle. Der Kraftarm ist gleich dem Kurbelhalbmesser *R*; der Lastarm ist gleich dem Halbmesser *r* der Trommel. Nach dem Hebelgesetz ist also für die Kurbelwinde

$$K \cdot R = L \cdot r.$$

Hieraus berechnet sich die Kraft *K* zu:

$$K = \frac{L \cdot r}{R}.$$

Die einfache Kurbelwinde wird hauptsächlich bei Brunnen zum Fördern von Wasser gebraucht.

d) **Die Zahnräderwinde.** Abb. 93 zeigt eine Zahnräderwinde. Sie besteht aus zwei Ständern *A*, die durch Stehbolzen *B* in fester Entfernung voneinander gehalten werden. In diesen Ständern ist oben die Kurbel= oder Kraftwelle *C* drehbar gelagert. Auf dieser Welle sind die beiden Kurbeln *D* sowie ein kleines Zahnrad *E* befestigt. Unten ist zwischen den Ständern die Trommel= oder Lastwelle *F*

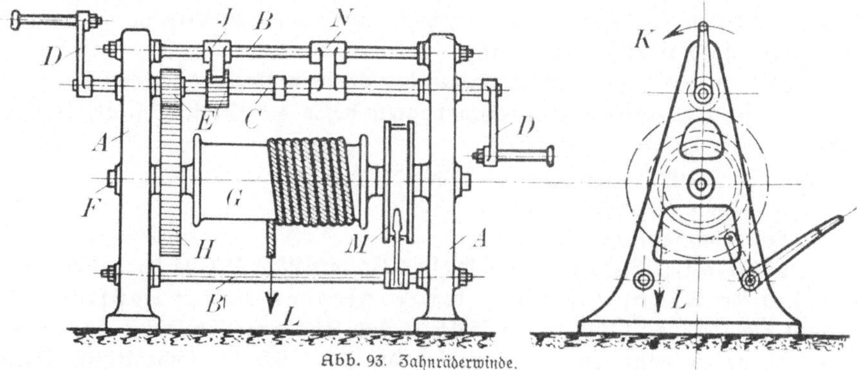

Abb. 93. Zahnräderwinde.

drehbar gelagert. Diese Welle trägt die Seil= oder Kettentrommel *G*, welche fest mit der Welle verbunden ist. Außerdem ist auf dieser Welle ein großes Zahnrad *H* auf= gekeilt, welches in das Zahnrad *E* eingreift. Zum Festhalten der Last in jeder beliebigen Lage ist die Winde mit einer Sperrvorrichtung *J*, sowie einer Bremse *M* versehen.

Die Kurbelwelle *C* ist in der Längsrichtung verschiebbar und läßt sich durch eine Falle *N* feststellen. Dadurch lassen sich die Zahnräder *E* und *H* außer Ein= griff setzen. Man kann die Last dann mit Hilfe der Bremse sinken lassen.

Durch Drehen an der Kurbel wird die Last bei eingerückten Zahn= rädern gehoben. Hierbei findet eine große Übersetzung zwischen der Kraft *K* und der Last *L* statt. Kurbel, Zahnräder und Trommel wirken auch wieder nach dem Hebelgesetz aufein= ander.

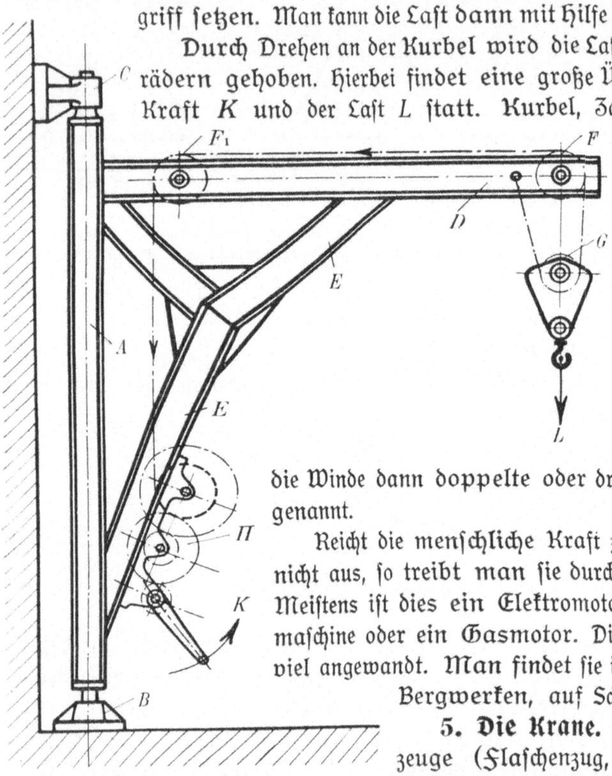

Sind sehr große La= sten mit der Winde zu heben, so ordnet man statt des einen Zahn= räderpaars mehrere Zahnräderpaare an. Je nach der Anzahl der Zahnräderpaare wird die Winde dann doppelte oder dreifache Zahnräderwinde genannt.

Reicht die menschliche Kraft zum Antrieb der Winde nicht aus, so treibt man sie durch eine Kraftmaschine an. Meistens ist dies ein Elektromotor, seltener eine Dampf= maschine oder ein Gasmotor. Die Zahnräderwinde wird viel angewandt. Man findet sie in Maschinenfabriken, in Bergwerken, auf Schiffen, bei Bauten usw.

**5. Die Krane.** Die besprochenen Hebe= zeuge (Flaschenzug, Winden) dienen dazu, Lasten in senkrechter Richtung zu befördern.

Abb. 94. Drehkran.

Soll neben dieser senkrechten Bewegung noch eine wagerechte Versetzung der Last erzielt werden, so benutzt man Krane.

Jeder Kran hat zum eigentlichen Heben der Last eine Winde oder einen Flaschen= zug. Diese Hebevorrichtung ist an oder auf einem besonderen Gerüst befestigt, welches man Krangerüst nennt.

Nach der Form des Gerüstes unterscheidet man:

1. Krane mit Ausleger (Drehkrane),
2. Krane mit Bühne (Laufkrane).

a) Drehkrane. Ein Drehkran einfachster Bauart ist in Abb. 94 dargestellt. Er besteht aus der Kransäule *A*, die in dem Fußlager *B* und dem Kopflager *C* drehbar gelagert ist. Oben an der Säule ist der Ausleger *D* befestigt, der wage= recht nach außen geht. Der Ausleger wird durch die Strebe *E* abgestützt. Vorn am Ausleger ist eine feste Rolle *F* drehbar gelagert. Das eine Ende eines Lastseiles ist am Ausleger befestigt. In der Schleife des Seiles hängt eine lose Rolle *G* mit der Last *L*. Das Seil geht über die Rollen *F* und *F*₁ weiter zu einer Winde *H*, die unten am Krangerüst befestigt ist. Von hier erfolgt das Heben und Senken der Last.

Mit diesem einfachen Drehkran kann man zwei Bewegungen ausführen und zwar: Heben der Last und kreisförmiges Schwenken derselben. Er wird meistens in Häfen, Schuppen, Magazinen usw. benutzt und an einer Wand aufgestellt. Man nennt ihn daher auch **Magazin= oder Wanddrehkran**.

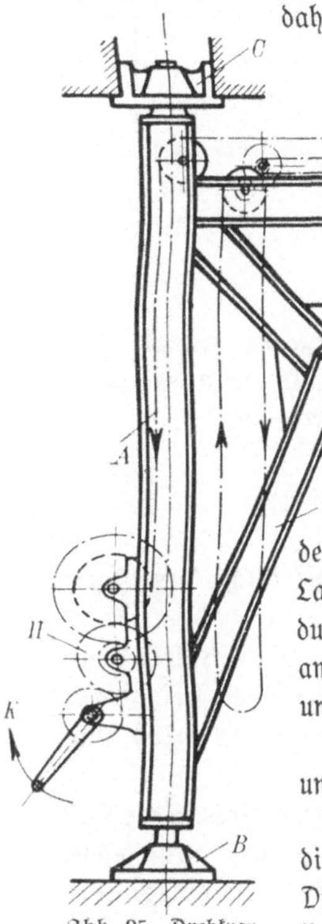

Soll die Last nicht nur auf dem **Umfang** eines Kreises, sondern auf einer **Kreisfläche** abgesetzt werden, so benutzt man einen Drehkran nach Abb. 95. Er besteht ebenfalls aus der Säule *A*, die bei *B* und *C* drehbar gelagert ist, dem Ausleger *D* und der Strebe *E*.

Auf dem Ausleger ist ein kleiner Wagen *F* verschieb= bar. Einen solchen Wagen nennt man Laufkatze. An der Laufkatze hängt in einer Seilschleife eine lose Rolle *G* mit der Last *L*. Die Bewegung der Laufkatze auf dem Ausleger erfolgt durch eine besondere Windevorrichtung mittels einer Kette. Unten am Kran befindet sich die eigentliche Winde *H* für das Heben und Senken der Last.

Dieser Drehkran wird hauptsächlich in Maschinenfabriken und Gießereien gebraucht. Er heißt daher auch Gießereikran.

Außer den besprochenen gibt es noch Drehkrane, bei denen die Kransäule nur am unteren Ende gestützt und gelagert ist. Dies ist der Fall, wenn sie im Freien stehen müssen. Man nennt sie **freistehende Krane** und wendet sie meist an Ufern von

Abb. 95. Drehkran.

Flüssen zum Beladen und Entladen von Schiffen an.

b) **Laufkrane.** Die Werkstätten einer Maschinenfabrik sind meist langgestreckt. Oft sind Werkstücke von der Drehbank zur Hobelmaschine, von dieser zur Bohr= maschine zu befördern usw. Das Werkstück muß also an jeder beliebigen Stelle der Werkstatt aufgenommen oder abgesetzt werden können. Für diesen Zweck benutzt man **Laufkrane.**

In Abb. 96 ist ein Laufkran dargestellt.

Er besteht aus der **Bühne**, die aus Profileisen (I=, ⊔=, L=Eisen usw.) herge= stellt ist. Die Bühne ruht mit Laufrädern auf der **Fahrbahn** und kann auf dieser fort= bewegt werden. Die Fahrbahn liegt auf Mauervorsprüngen der Werkstatt. Bei Fabrik= hallen aus Eisen ist die Fahrbahn mit der Eisenkonstruktion vereinigt. Auf der Bühne befindet sich die **Laufkatze**. Sie ruht ebenfalls mit Laufrädern auf Schienen

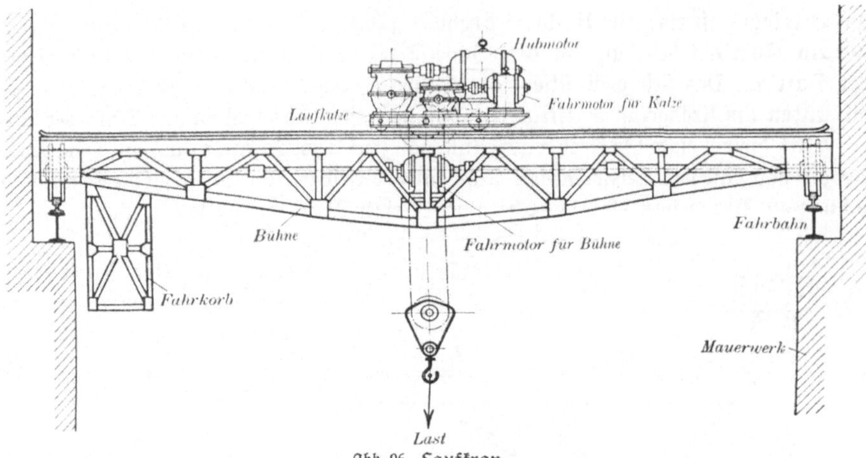

Abb. 96. Laufkran.

und kann auf der Bühne verschoben werden. An der Laufkatze ist entweder ein Flaschenzug angehängt, oder sie ist wie in Abb. 96 mit einer Winde ausgerüstet.

Mit einem Laufkran können drei Bewegungen ausgeführt werden:

1. Das senkrechte Heben der Last mittels der Winde.

2. Das Querfahren der Laufkatze mit Last auf der Bühne.

3. Das Längsfahren des ganzen Kranes.

Bei kleineren Laufkranen geschieht das Heben der Last, wie auch das Quer= und Längsfahren von Hand durch Handketten oder Seile.

Größere Laufkrane werden durch Elektromotoren angetrieben. Sie erhalten dann einen Motor für alle drei Bewegungen oder für jede Bewegung einen besonderen Motor. Diese letzteren Krane nennt man auch Dreimotorenkrane (Abb. 96). Sie sind heute fast nur im Gebrauch.

Der Einmotorenkran arbeitet ungünstig, denn die Kraft zum Heben der Last ist bedeutend größer, als für das Quer= und Längsfahren. Der Motor muß jedoch für die größte Leistung gebaut werden und wird daher bei den Fahrbewegungen schlecht ausgenutzt.

Bei Dreimotorenkranen kann jeder Motor der erforderlichen Kraft angepaßt werden. Die drei Motoren können unabhängig voneinander arbeiten. Alle drei Bewegungen lassen sich bei geschickter Bedienung zu gleicher Zeit ausführen. Dadurch wird die Zeit für das Heben, das Senken und die Fahrbewegungen bedeutend verkürzt.

Zur Bedienung des Kranes ist ein Mann (Kranführer) erforderlich. Er steht in einem besonderen Fahrkorb, der seitlich unter der Bühne angebracht ist. Der Kranführer schaltet die Motoren ein und aus und fährt im Fahrkorb immer mit dem Kran.

**6. Die Aufzüge.** Ein Aufzug ist ein Hebezeug, welches die Last nicht an einem Haken, sondern in einem offenen oder geschlossenen Kasten aufnimmt. Der Kasten heißt Fahrkorb. Die Aufzüge werden nach ihrem Verwendungszweck benannt. Danach unterscheidet man:

Waren-, Speise-, Kohlen-, Erz-, Personen- und Lastenaufzüge.

Die Lastenaufzüge mit Personenbeförderung sind wohl am meisten im Gebrauch. Sie bestehen aus einem einfachen Fahrkorb, der zur Aufnahme der Lasten kräftig gehalten ist. Der Fahrkorb bewegt sich in einem Aufzugsschacht, der mit Führungsschienen versehen ist. Durch eine besondere Hebevorrichtung, in der Regel eine Winde, wird der Fahrkorb an Drahtseilen gehoben oder gesenkt. Der Fahrkorb setzt die Lasten oder Personen fast immer in verschiedenen Stockwerken eines Gebäudes ab. Von hier aus können sie dann weiterbefördert werden. Da der Fahrkorb ein großes Gewicht hat, so wird dieser wie auch meist die Hälfte der Nutzlast durch Gegengewichte ausgeglichen. Dadurch wird zum Heben der größten Last nur halb soviel Kraft gebraucht.

Die Aufzüge werden heute fast allgemein durch einen Elektromotor angetrieben.

Um Unfälle zu vermeiden, müssen die Aufzüge mit Sicherheitsvorrichtungen versehen sein.

Die Drahtseile nützen sich mit der Zeit ab und können durchreißen. Dadurch würde der Fahrkorb abstürzen. Die Aufzüge sind deshalb mit Fangvorrichtungen versehen. Sie wirken in der Weise, daß der lose Fahrkorb, der frei in der Luft schwebt, zwischen den Führungsschienen festgeklemmt wird.

Der Fahrkorb bewegt sich in einem geschlossenen Schacht.

Nur an den Stellen, wo der Aufzug halten soll, sind in den verschiedenen Stockwerken Öffnungen vorhanden. Damit nun niemand in den Schacht hineinfallen kann, wenn der Fahrkorb nicht in gleicher Höhe mit dem Stockwerk ist, sind besondere Türverriegelungen vorgesehen.

Die Türe kann nur geöffnet werden, wenn der Fahrkorb in gleicher Höhe mit dem Stockwerk ist.

Damit auch das Schließen der Tür nicht vergessen wird, ist die Ingangsetzung des Aufzuges hiervon abhängig gemacht. Er kann nur in Betrieb gesetzt werden, wenn die Türe geschlossen ist.

### e) Sicherheitsvorschriften.

1. Die Hebezeuge dürfen nicht über die höchste zulässige Belastung benutzt werden.

2. Alle Teile eines Hebezeugs wie: Ketten, Zughaken, Sperräder, Sperrklinken, Bremsen, Zahnräder, Kurbeln usw. sind öfters gründlich nachzusehen.

3. Die Bindeketten und Seile, die zum Anhängen der Last gewählt werden, müssen genügend stark sein.

4. Bei den Hebezeugen für Handbetrieb muß beim Heben der Last die Sperrklinke im Sperrade liegen.

5. Erfolgt das Senken der Last durch eine Bremse, so sind die Kurbeln auszurücken.

6. Es darf niemand unter der anhängenden Last Stellung nehmen oder sogar Arbeiten verrichten. Sind solche Arbeiten z. B. beim Montieren notwendig, so ist die Last vorher zu unterfangen.

# C. Die Pumpen.

## a) Allgemeines.

Die Pumpen bilden eine besondere Art der Hebemaschinen. Während die eigentlichen Hebemaschinen zum Heben fester Körper gebraucht werden, dienen die Pumpen zum Heben und Fördern flüssiger Körper. Solche sind:

Wasser, Öl, Benzin, Benzol, Petroleum, Säuren, Teer, usw. In den meisten Fällen kommen die Pumpen zum Heben und Fördern von Wasser zur Anwendung.

## b) Arten.

Die Pumpen werden sehr verschiedenartig gebaut. Daher ist auch die Einteilung und Bezeichnung der Pumpen verschieden. Nach der Flüssigkeit teilt man sie ein in Wasser=, Öl=, Benzin=, Säurepumpen usw.

Meist bezeichnet man sie jedoch nach ihrer Bauart. Danach unterscheidet man: Kolbenpumpen, Plungerpumpen, Schleuder= oder Zentrifugalpumpen, Zahnrad= oder Rotationspumpen, Strahlpumpen usw.

In bezug auf die Wirkungsweise unterscheidet man einfachwirkende und doppeltwirkende Pumpen.

## c) Allgemeine Wirkungsweise der Pumpen.

Das Heben von Flüssigkeiten durch die Pumpen geschieht durch Saugen. Das Fördern erfolgt meist durch Drücken. Das Saugen oder die Saugwirkung der Pumpen erklärt sich nach Abb. 97 und Abb. 98 wie folgt:

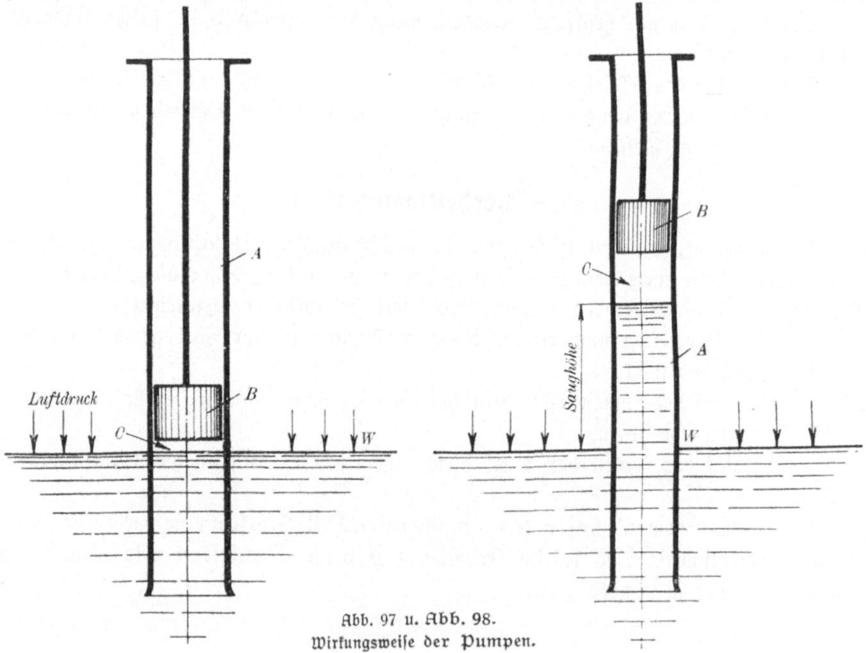


Abb. 97 u. Abb. 98.
Wirkungsweise der Pumpen.

Das Rohr *A* ragt mit seinem unteren Ende ins Wasser. In dem Rohre befindet sich ein dicht abschließender Kolben *B*. Das Wasser steht im Rohr in gleicher Höhe mit dem Wasserspiegel *W* (Abb. 97). Zwischen dem Kolben und dem Wasser im Rohr befindet sich ein Luftraum *C*.

Bewegt man nun den Kolben *B* nach oben (Abb. 98), so vergrößert sich der Raum *C*. Die Luft unter dem Kolben wird verdünnt, und damit nimmt der Druck im Raum *C* ab. Auf dem Wasserspiegel *W* lastet der äußere Luftdruck. Dieser ist größer als der Druck im Raum *C*. Der äußere Luftdruck treibt daher das Wasser im Rohr *A* in die Höhe (Abb. 98). Das Wasser wird jedoch nur bis zu einer gewissen Höhe in dem Rohre steigen. Der äußere Luftdruck lastet nämlich mit einem bestimmten Gewicht auf dem Wasser. Der Druck beträgt 1 Atm. = 1 kg auf 1 qcm (S. 2). Dieser Luftdruck auf jedes qcm hält einer Wassersäule von gleichem Querschnitt und 10 m Höhe das Gleichgewicht, wenn der Raum über der Wassersäule luftleer ist. Erzeugt man nun einen vollständig luftleeren Raum unter dem Kolben, so wird das Wasser auf eine größte Höhe von 10 m steigen. In Wirklichkeit läßt sich jedoch kein vollständig luftleerer Raum unter dem Kolben erzielen; denn der Kolben schließt nie so dicht gegen die Zylinderwandungen ab. Außerdem reibt sich das Wasser an den Rohrwandungen. Infolgedessen steigt es nur auf eine Höhe von etwa 8 m. Den Abstand vom Wasserspiegel *W* bis zum Wasserstand im Rohr nennt man Saughöhe.

### d) Beschreibung und Wirkungsweise der wichtigsten Pumpen.

**1. Die einfachwirkende Kolbenpumpe.** Bei der Kolbenpumpe wird das Heben und Fördern der Flüssigkeit durch einen scheibenförmigen Maschinenteil, einen Kolben, herbeigeführt. In Abb. 99, 100 und 101 ist eine Kolbenpumpe dargestellt. Sie besteht aus einem Zylinder *A*, der mit seinem untern Ende *B*, dem Saugrohr, ins Wasser ragt. Zwischen Saugrohr und Zylinder befindet sich ein Saugventil *S*, welches sich nur nach oben öffnen kann. Der Kolben *C* kann sich in dem Zylinder auf und ab bewegen. Er ist durchbohrt. Auf der Bohrung befindet sich ein Druckventil *D*, welches sich ebenfalls nur nach oben öffnet.

In Abb. 99 ist der Kolben in seiner tiefsten Stellung. Die Ventile *S* und *D* sind geschlossen. Der Wasserstand im Saugrohr steht mit dem Wasserspiegel *W* außerhalb des Rohres in gleicher Höhe.

Der Kolben wird jetzt, wie Abb. 100 zeigt, nach oben bewegt. Infolge der Saugwirkung öffnet sich das Saugventil *S* und das Wasser strömt in den Zylinder *A*, bis der Kolben seine höchste Stellung erreicht hat.

Beim Niedergang des Kolbens (Abb. 101) schließt sich das Saugventil *S* und das Druckventil *D* öffnet sich. Dadurch tritt das Wasser durch die Bohrung über den Kolben.

Wird nun der Kolben wieder aufwärts bewegt, so schließt sich das Druckventil *D* durch den Rückdruck des über ihm befindlichen Wassers. Dieses wird durch das Abflußrohr *E* ins Freie gefördert. Gleichzeitig öffnet sich wieder das Saugventil *S*, durch das neuerdings Wasser angesaugt wird.

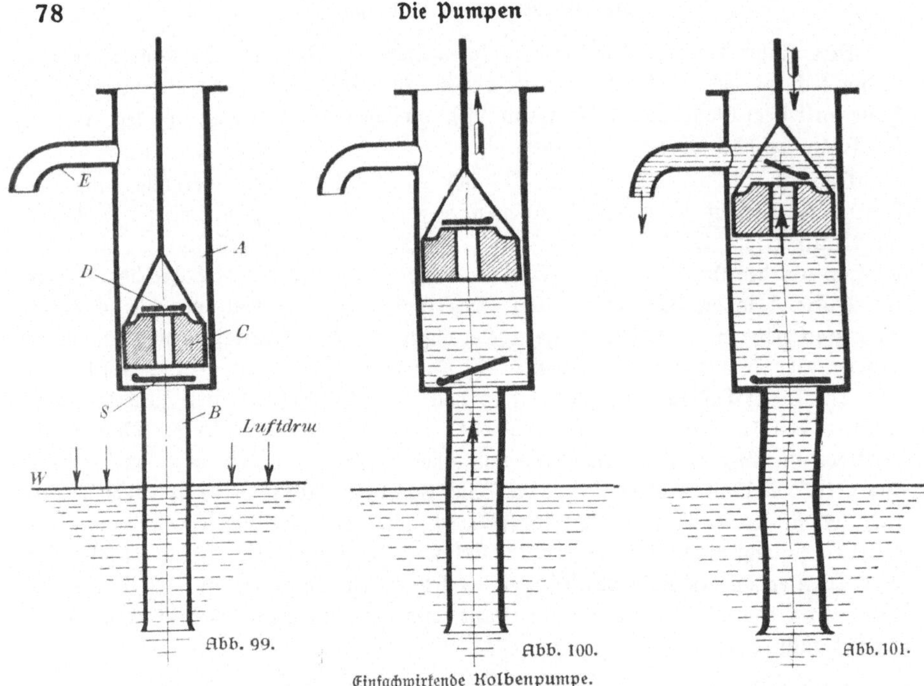

Abb. 99.            Abb. 100.            Abb. 101.

Einfachwirkende Kolbenpumpe.

Die Wirkungsweise der Kolbenpumpe ist also folgende:

Beim Aufwärtsgang des Kolbens wird unter ihm Wasser angesaugt. Zu gleicher Zeit wird über ihm Wasser weggeführt. Beim Abwärtsgang tritt nur das in den Zylinder angesaugte Wasser über den Kolben. Dies erfordert keinen wesentlichen Arbeitsaufwand. Es wird also nur während eines Hubes, der Aufwärtsbewegung des Kolbens, Arbeit geleistet. Eine solche Pumpe nennt man einfachwirkend.

**2. Die einfachwirkende Plungerpumpe.** Die Plungerpumpe arbeitet nicht mit einem scheibenartigen, sondern mit einem langgestreckten Kolben, den man Plunger nennt. Abb. 102 zeigt eine Plungerpumpe. Sie besteht aus dem Plungergehäuse $A$, in dem sich der Plunger $B$ auf und ab bewegen kann. Er wird durch die Stopfbüchse $C$ nach außen abgedichtet. Mit seinem unteren Ende taucht der Plunger in den Pumpenraum. Der Pumpenraum wird unten durch das Saugventil $S$ und oben durch das Druckventil $D$ abgeschlossen.

Die Wirkungsweise der Pumpe ist folgende:

Bewegt sich der Plunger nach oben, so öffnet sich infolge der Saugwirkung das Saugventil $S$. Das Wasser wird angesaugt und tritt in den Pumpenraum. Bei der Abwärtsbewegung des Plungers schließt sich das Saugventil $S$ durch sein Eigengewicht. Das Druckventil $D$ öffnet sich, und das Wasser wird in die Druckleitung $E$ gedrückt. Von hier wird es weitergeleitet. Bei dem folgenden Aufwärtsgang des Plungers wird wieder Wasser angesaugt. Vorher jedoch schließt sich das Druckventil $D$ durch sein Eigengewicht, so daß kein Wasser aus der Druckleitung $E$ zurückfließen kann.

Das Saugen und Fördern des Wassers ist hier auf die Auf= und Abwärtsbe=

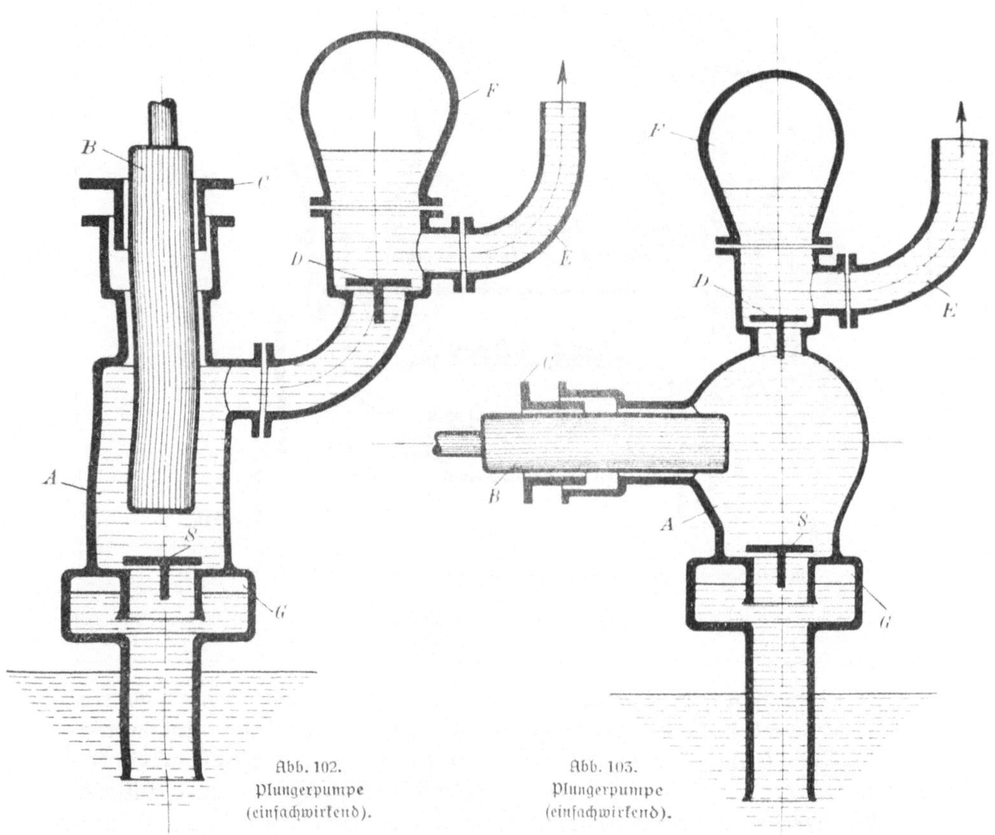

Abb. 102.
Plungerpumpe
(einfachwirkend).

Abb. 103.
Plungerpumpe
(einfachwirkend).

wegung des Plungers verteilt. Beim Aufwärtsgang haben wir Saugen; beim
Abwärtsgang Fördern oder Drücken. Es wird jedoch ebenso wie bei der bespro=
chenen Kolbenpumpe nur bei einem Hub Wasser gefördert. Die Plungerpumpe
Abb. 102 ist auch einfachwirkend.

Abb. 103 zeigt die einfachwirkende Plungerpumpe mit liegend angeordnetem
Plunger, während die Pumpe Abb. 102 einen stehend angeordneten Plunger hat.
Die Wirkungsweise der Pumpe Abb. 103 ist die gleiche wie die der Pumpe Abb. 102.

Der am Ende des Druckrohres $E$ ins Freie tretende Wasserstrom fließt nicht
gleichmäßig, sondern ruckweise. Wenn sich am Ende des Druckhubes das Druckventil $D$
schließt, kommt plötzlich die Flüssigkeitssäule im Rohr $E$ zur Ruhe. Dadurch ent=
steht ein Schlag in der Leitung, der sich oft auf die ganze Pumpe überträgt. Dieser
Übelstand läßt sich durch einen Druckwindkessel $F$ vermeiden. Dies ist ein Luft=
behälter. Die in ihm eingeschlossene Luft wird durch den Druck der Wassersäule
zusammengedrückt und wirkt wie ein federndes Kissen auf die Flüssigkeit. Die Saug=
leitung mündet in einen Saugwindkessel $G$. Dieser ermöglicht ein gleichmäßiges
Zuströmen des Wassers und vermeidet ebenfalls das Auftreten von Schlägen in
der Saugleitung.

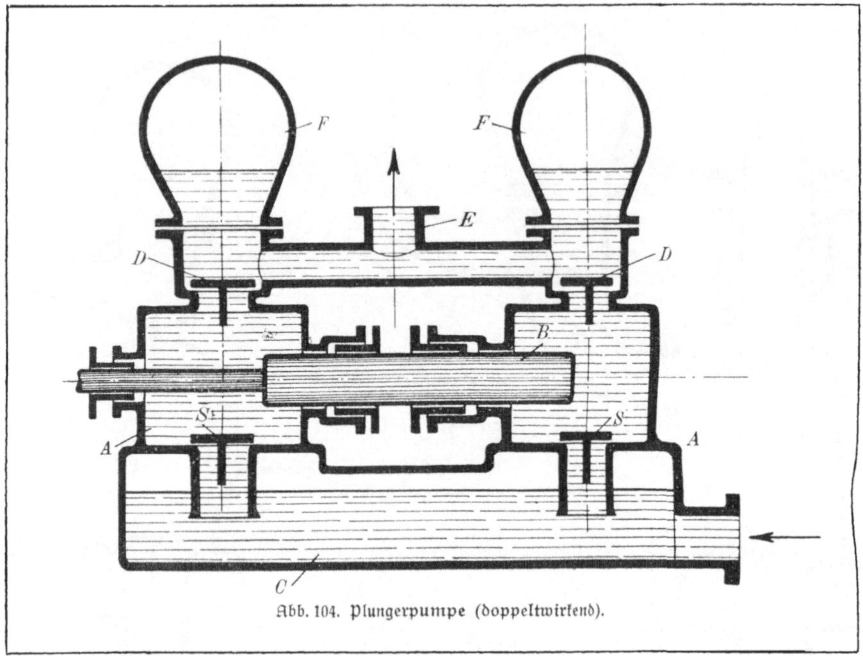



Abb. 104. Plungerpumpe (doppeltwirkend).

**3. Die doppeltwirkende Plungerpumpe.** Sind große Wassermengen zu fördern, oder soll ein ziemlich gleichmäßiger Wasserstrom erzielt werden, so kann man mehrere einfachwirkende Pumpen vereinigen. Meist werden dann jedoch doppeltwirkende Pumpen benutzt. In Abb. 104 ist eine doppeltwirkende Plungerpumpe dargestellt. Sie besteht aus dem Pumpengehäuse mit den beiden Pumpenräumen A. Der Plunger B kann sich hin- und herbewegen und in die beiden Pumpenräume ein- und austauchen. In jedem Pumpenraum befindet sich ein Saugventil S und ein Druckventil D. Die beiden Saugventile stehen mit dem Saugraum C in Verbindung, die beiden Druckventile mit der Druckleitung E.

Die Wirkungsweise der Pumpe ist folgende:

Der Plunger wird in eine hin- und hergehende Bewegung versetzt. Geht er nach links, so öffnet sich das rechte Saugventil. Im rechten Pumpenraum wird Wasser angesaugt. Gleichzeitig öffnet sich auch das linke Druckventil. Das im linken Pumpenraum befindliche Wasser wird in die Druckleitung gedrückt und weitergefördert. Hat der Plunger seine äußerste Stellung links erreicht, so steht er einen Augenblick still. Die Saugwirkung wie auch die Druckwirkung hören auf. Das Saugventil rechts und das Druckventil links schließen sich. Geht der Kolben jetzt nach rechts, so öffnet sich das Saugventil links und das Druckventil rechts. Links wird Wasser angesaugt, rechts wird Wasser in die Druckleitung gedrückt. So wiederholt sich der Vorgang.

Bei jedem Hub des Plungers wird also Wasser angesaugt und fortgedrückt. Eine solche Pumpe nennt man doppeltwirkend.

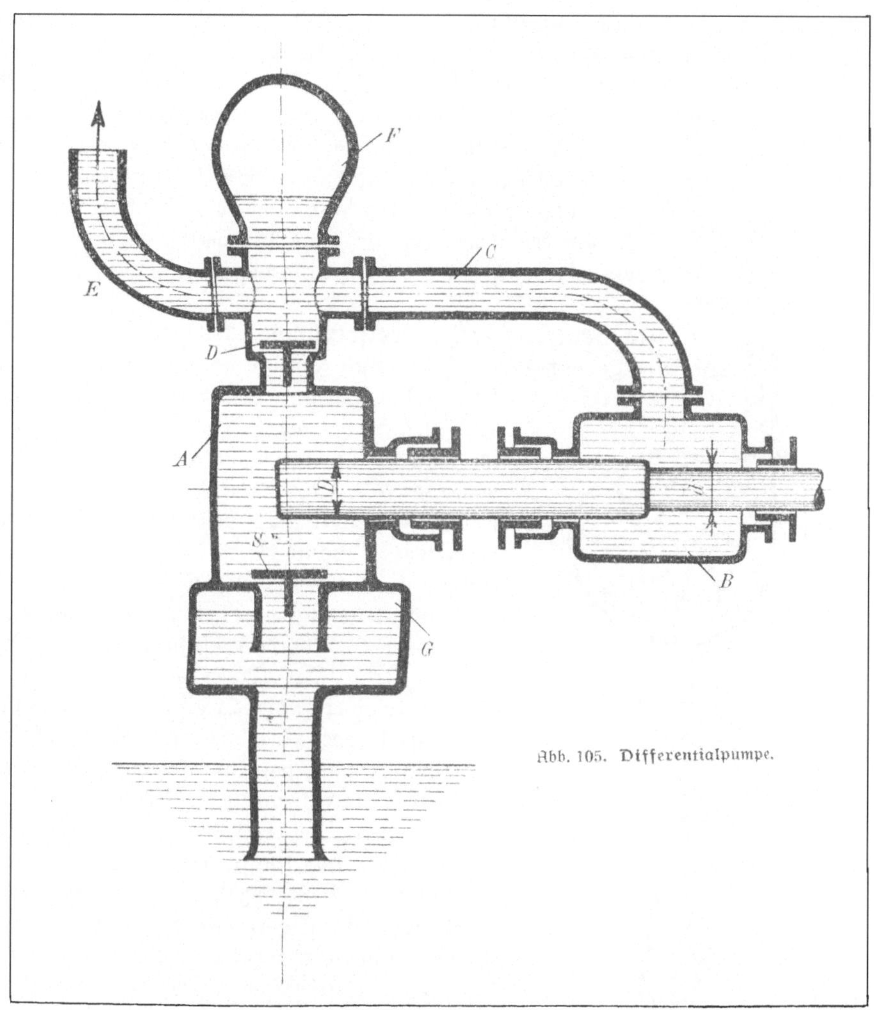



Abb. 105. Differentialpumpe.

**4. Die Differentialpumpe.** Die Differentialpumpe ift auch eine Plungerpumpe. Der Plunger hat hier, wie Abb. 105 zeigt, eine Abstufung. Der Durchmeffer $d$ des kleinen Teiles ift so gewählt, daß sein Querschnitt halb so groß ift, wie der Querschnitt des großen Teiles mit dem Durchmeffer $D$. Der Plunger kann hin= und her= bewegt werden. Er taucht mit seinem großen Durchmeffer in den Pumpenraum $A$ ein, der ein Saugventil $S$ und ein Druckventil $D$ hat. Der Teil des Plungers mit dem kleinen Durchmeffer taucht in den Druckraum $B$ ein.

Die Wirkungsweise der Differentialpumpe ift folgende:

Geht der Plunger nach rechts, so öffnet sich das Saugventil $S$, und im Pumpen= raum wird Waffer angesaugt. Gleichzeitig wird aus dem Druckraum $B$ Waffer in die Druckleitung $C$ gedrückt. Die Waffermenge entspricht dem eingedrückten Plunger=

teil. (Ringquerschnitt mal Hub.) Der Ringquerschnitt bildet die Differenz der beiden Plungerquerschnitte. Daher auch der Name Differentialpumpe. Geht der Plunger nach links, so schließt sich das Saugventil und das Druckventil öffnet sich. Das ganze vorher angesaugte Wasser wird in die Druckleitung gedrückt. Die ganze Wassermenge gelangt jedoch nicht in die Druckleitung E, sondern die Hälfte fließt in den Druckraum B. Durch den Rückgang des Plungers wird nämlich der Inhalt des Druckraumes B um den Raum, der sich aus Ringquerschnitt mal Hub zusammensetzt, vergrößert. F ist der Druckwindkessel, G der Saugwindkessel.

**5. Die Zentrifugal- oder Kreiselpumpe.** Während bei den Kolben- und Plungerpumpen das Heben und Fördern der Flüssigkeit durch einen hin- und hergehenden Kolben oder Plunger erfolgt, geschieht dies bei der Zentrifugalpumpe durch ein Flügelrad, welches in Umdrehung versetzt wird. In Abb. 106 ist eine Zentrifugalpumpe schematisch dargestellt. Sie besteht in der Hauptsache aus einem Gehäuse A, in dem ein Flügelrad B drehbar gelagert ist. Das Gehäuse ist am Umfange spiralförmig erweitert und mündet in den Druckstutzen C. An diesen schließt sich die Druckleitung D an. Das Wasser wird der Mitte des Flügelrades durch die Saugleitung S zugeführt. Der Antrieb des Flügelrades erfolgt durch einen Elektromotor oder von einer Transmission aus.

Die Wirkungsweise der Pumpe ist folgende: Beim Antrieb des Flügelrades B in der Pfeilrichtung wird das Wasser von den Flügeln erfaßt und durch die Zentrifugalkraft in das Gehäuse A geschleudert. Von dort gelangt es in die Druckleitung D und wird weitergeleitet. Je schneller sich das Flügelrad dreht, um so höher wird das Wasser gefördert.

Bei den Kolbenpumpen oder Plungerpumpen schafft sich der Kolben oder Plunger bei Betriebsbeginn einen luftverdünnten Raum. Dadurch wird

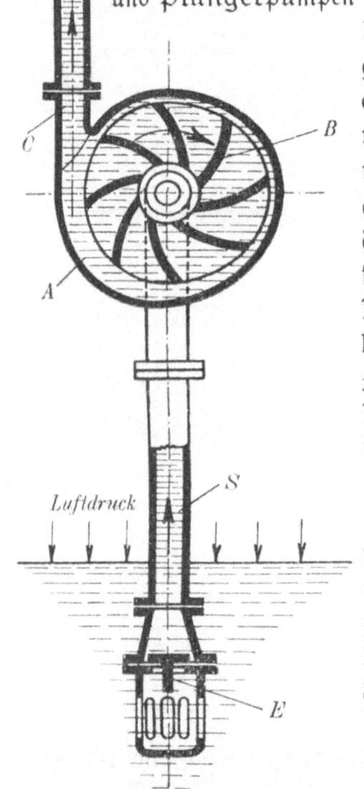



Abb. 106. Zentrifugalpumpe.

das Wasser angesaugt. Das Flügelrad der Zentrifugalpumpe schließt **nicht dicht** am Umfange des Gehäuses ab, so daß mit ihm kein luftverdünnter Raum erzeugt werden kann. Infolgedessen kann die Zentrifugalpumpe das Wasser bei Betriebsbeginn nicht selbsttätig ansaugen. Sie muß vielmehr vor der Inbetriebsetzung mit Wasser gefüllt werden. Dann erfolgt das Ansaugen des Wassers durch die Einwirkung des atmosphärischen Luftdruckes wie bei der Kolben- und Plungerpumpe. Damit das Wasser nicht aus der Saugleitung zurückfließt, wird am unteren Ende derselben ein sogenanntes Fußventil E angebracht (Abb. 106).

**6. Die Zahnradpumpe.** Bei der Zahnradpumpe Abb. 107 erfolgt das Heben und Fördern der Flüssigkeit durch Zahnräder. Sie besteht aus dem Gehäuse *A*, in dem die beiden Zahnräder *B* drehbar gelagert sind. Die Zahnräder schließen rechts und links an dem halbkreisförmigen Umfang des Gehäuses dicht ab.

Die Wirkungsweise der Zahnradpumpe ist folgende:

Die Zahnräder werden in Umdrehung versetzt, z. B. durch einen Riementrieb. Hierdurch entsteht im Saugraum *S* eine Saugwirkung, und die Flüssigkeit wird angesaugt. Die Zahnlücken erfassen die Flüssigkeit und drücken sie durch den Druckraum *D* in die Druckleitung.

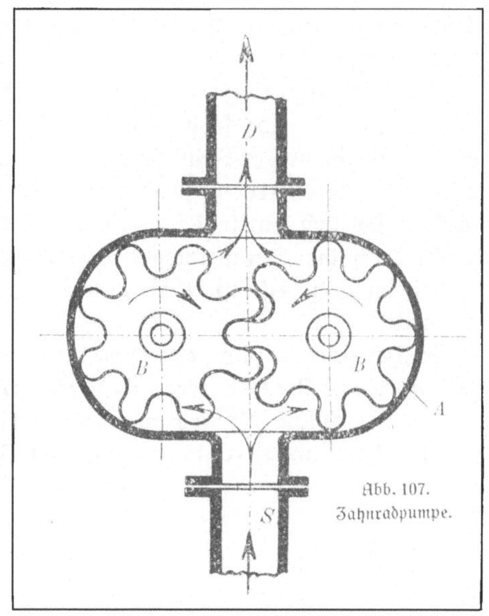

Abb. 107.
Zahnradpumpe.

**7. Die Strahlpumpe.** Bei der Strahlpumpe erfolgt das Ansaugen und Fördern einer Flüssigkeit mit Hilfe eines Wasser- oder Dampfstrahles. Danach unter-

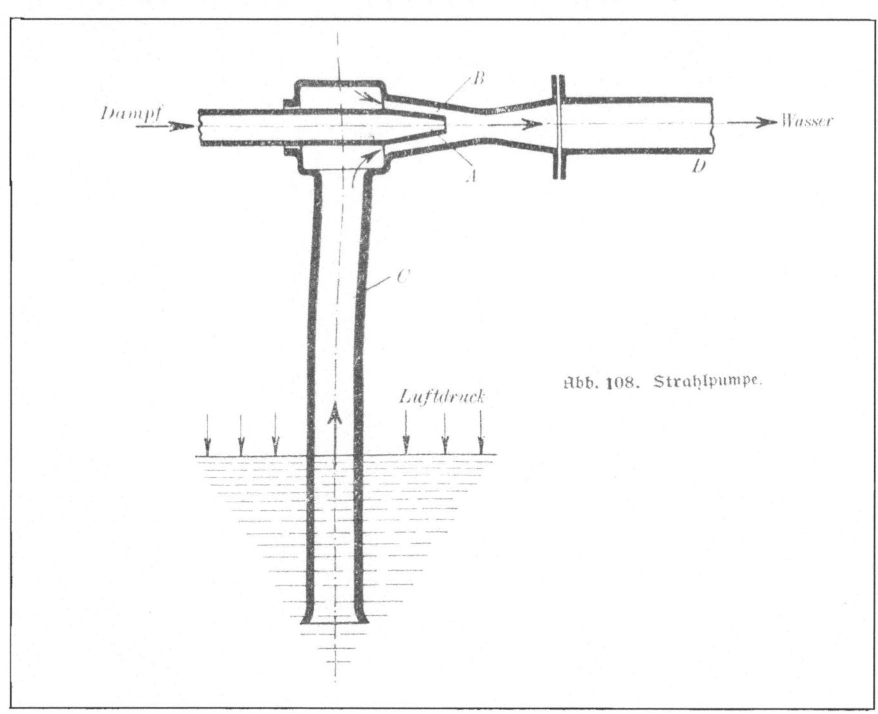


Abb. 108.  Strahlpumpe.

scheidet man Dampf= und Wasserstrahlpumpen. Meist werden Dampfstrahl=
pumpen angewandt.

Die Wirkungsweise ist nach Abb. 108 folgende:

Eine Düse $A$ ragt so in den Raum $B$, daß zwischen der Düse und der Raum=
wand ein ringförmiger Spalt bleibt. Läßt man nun Dampf mit großer Geschwindig=
keit in die Düse eintreten, so reißt dieser die in dem Raum $B$ befindliche Luft mit
sich fort. Dadurch entsteht in diesem eine Luftverdünnung. Infolgedessen wird das
Wasser durch die Saugleitung $C$ angesaugt. Es strömt durch den ringförmigen
Spalt in die Rohrleitung $D$, wo es von dem Dampf mitgerissen und weiter geför=
dert wird.

Die Dampfstrahlpumpe dient meistens zum Speisen der Dampfkessel. In diesem
Falle muß das Wasser gegen einen bestimmten Druck (10 — 15 Atm.) gefördert
werden. Eine solche Pumpe nennt man Injektor.

Dient die Dampfstrahlpumpe nur zum Ansaugen von Flüssigkeit, so nennt man
sie Ejektor.

**Holz- und Hobelbankarbeiten** für den Unterricht in Knabenhandfertigkeit, zur Betätigung der gewerblich arbeitenden Jugend in ihren Erholungsstunden im Elternhaus und Jugendheim. Musterblätter für Handfertigkeit aus den Werkstätten der städt. Handfertigkeitsschule zu Düsseldorf. Herausgegeben von Regierungsbaurat K. Gotter und Fach- und Gewerbelehrer J. Nicolini. 2., abg. Aufl. Mappe I: 35 Blatt, Spielzeug u. Gebrauchsgegenstände einfacher Art. M. 2.40. Mappe II: 35 Blatt, Gebrauchsgegenstände für geübtere Hände. M. 1.80

Die Musterblätter sind eine wertvolle Gabe für die Jugend, die sie geschickt zu nutzbringender Arbeit machen wollen. Sie enthalten werk- und kunstgerechte Vorlagen für einfaches Spielgerät wie: Säbel und Ballschläger, Tiere zum Aufstellen und Fahren, Möbel für die Puppenstube, ferner für einfachere Gebrauchsgegenstände für Zimmer und Küche: Bürstenhalter, Schlüsselbrettchen, Schreibzeuge, Handtuchhalter, Stiefelknecht und vieles andere mehr, was selbst herzustellen ebensoviel Freude macht, wie Geld erspart.

**Mein Handwerkszeug.** Von Professor O. Frey. Für 12—15jähr. Schüler aller Schulgattungen. Mit 12 Abbildungen. Steif geh. M. —.90

„Ein praktisches und nützliches Schriftchen. Verf. weiß trefflich zum Verständnis des Werkzeuges und dessen Gebrauch anzuleiten." (Schweizer Lehrerzeitung.)

**An der Werkbank.** Anleitung z. Handfertigkeit m. Berücksichtig. d. Herstell. physikal. Apparate. V. Prof. E. Gscheidlen. Mit 110 Abb. u. 44 Taf. Geb. M. 3.—

„Die Darstellung und Beschreibung der Werkzeuge und Werkstoffe ist sehr gut. Das Wichtigste aber sind die Werkzeichnungen der zu fertigenden Apparate. Sie sind der Praxis entnommen und können darum warm empfohlen werden." (Deutsche Schulpraxis.)

**Sport.** Von Generalsekretär Dr. h. c. C. Diem. Mit 1 Titelbild u. 4 Spielplänen. (ANuG Bd. 551.) Geb. M. 1.60

Gibt einen Überblick über die verschiedenen Zweige des Sports, ihre Regeln und Ausführung, ein Gesamtbild von der Bedeutung der modernen Körperkultur bietend. Dem Wettkampf, dem Training, der Hygiene, der Höchstleistung sind besondere Abschnitte gewidmet; die wichtigsten Welt- und deutschen Rekords sind überall verzeichnet.

**Fröhlich Wandern.** Von Geh. Hofrat Prof. H. Randt. 2. Aufl. Mit zahlr. Abb. Kart. M. 1.60

„Randt weiß so manches Fesselnde zu berichten von den vielen Wanderfahrten seiner eigenen Kindheit und läßt uns spüren, wie deren reiche Eindrücke noch jetzt so bunt und mannigfaltig in seinem Erinnern leben.... Es folgen eine ganze Reihe praktischer Winke für die Ausführung von Jugendwanderfahrten." (Zugvogel.)

**Das Wandern.** Anleitung zur Wanderung und Turnfahrt in Schule und Verein. Im Auftrage des Zentralaussch. verfaßt von Prof. F. Eckardt. 4., umgearb. Aufl. Mit 24 Abb. Kart. M. 1.40

„...Ein feines Büchlein. Wunderhübsch ist der Segen des Wanderns und die deutsche Wanderlust dargestellt. Der muß schon recht steif und verknöchert sein, der es liest und fühlt nicht Sehnsucht nach blauem Berg und grünem Wald und bunter Wiese. (Monatsschrift f. d. Turnwesen.)

**Tandaradei.** Neue Tänze nach alten Abendtänzen und anderen Tanzweisen. Herausgegeben von Max Tepp. Lautenbearbeitung von Bernh. Schneider. Kart. M. —.80

Der nach Erneuerung strebenden deutschen Jugend, die den heutigen Gesellschaftstanz verwirft, wird hier ein Büchlein geschenkt, das die Gestaltung eines neuen Tanzes versucht, der sich dem seelischen Empfinden und der Körperkultur unserer Zeit anpaßt.

**Alte und neue Volkstänze.** Gesammelt von Elfriede Cario. Klaviersatz von Lotte Schulz. Bildschmuck nach Scherenschnitten von H. Giesecke. 2. Aufl. Kart. M. 1.20

Bringt alte und von Jugendgruppen selbstgeschaffene neue volkstümliche Tänze und Spiele zu Liedern und einfachen Weisen, die bei unserer tanzfrohen Jugend Verständnis für Einheitlichkeit und Schlichtheit des Tanzes auslösen wollen.

**Klingender Feierabend.** Zum Liedersang den Lautenschlag, wie ich ihn leicht erlernen mag. Von Dozent E. Wild. Mit zahlreichen Abbild. und Buchschmuck von M. Heßler. Kart. M. 1.20

Nach einer unterhaltsamen Einführung in die Geschichte und Bau der Instrumente sowie praktischen Ratschlägen zum Einkauf bietet das Büchlein in 10 Abendplaudereien einen anschaulichen Selbstunterrichtsgang des Lauten- und Gitarrespiels, der von den einfachsten Vorkenntnissen ausgeht und bis zur Möglichkeit der selbstgefundenen Liedbegleitung führt. Im Anhang enthält es eine Auswahl der schönsten und meistgesungenen Volksweisen mit beigefügten Lautensätzen, die von volkskundlichen Anmerkungen eingeleitet und umrahmt werden.

---

**Verlag von B. G. Teubner in Leipzig und Berlin**